Muthu Kumaran

Conceção e análise de desempenho do algoritmo FELICS baseado em VLSI

Muthu Kumaran

Conceção e análise de desempenho do algoritmo FELICS baseado em VLSI

ScienciaScripts

Cover image: www.ingimage.com

This book is a translation from the original published under ISBN 978-620-2-31037-6.

Publisher:
Sciencia Scripts
is a trademark of
Dodo Books Indian Ocean Ltd. and OmniScriptum S.R.L publishing group

120 High Road, East Finchley, London, N2 9ED, United Kingdom
Str. Armeneasca 28/1, office 1, Chisinau MD-2012, Republic of Moldova, Europe
Printed at: see last page
ISBN: 978-620-8-34327-9

RESUMO

A análise do desempenho das técnicas baseadas no sistema de compressão de imagens sem perdas e de eficiência rápida (FELICS), baseado em VLSI, envolve vários métodos e parâmetros a medir. O algoritmo de compressão baseado em blocos é utilizado para analisar as imagens dentro de cada pixel antes de o espaço de armazenamento ser processado e, por conseguinte, o tamanho da memória ser reduzido. Aqui, os valores diferenciais são captados e quantizados e, em seguida, o esquema de codificação diferencial utiliza o conceito de seleção do pixel mais brilhante como pixel de referência. A diferença entre o pixel mais brilhante e o pixel sucessivo é calculada e quantizada. Assim, o seu alcance é comprimido e a redundância espacial pode ser removida utilizando o algoritmo BBC. Assim, o esquema proposto reduz a acumulação de erros e também reduz a necessidade de memória. Assim, o valor do rácio sinal/ruído de pico pode ser melhorado e o valor de bits por pixel pode ser reduzido. Este esquema é criado para qualquer imagem de entrada e, por conseguinte, a imagem de entrada pode ter qualquer forma. Em seguida, a imagem é convertida em formato binário ou em ficheiro de cabeçalho e estes ficheiros são implementados no Xilinx Platform Studio e analisados.

A implementação do kit FPGA com base no algoritmo de codificação Set Partitioning in Hierarchical Trees e na Transformada Wavelet Discreta é utilizada para a compressão de imagens. Utiliza a separação natural entre os coeficientes wavelet e é adequada tanto para imagens a cinzento como a cores. O algoritmo SPIHT oferece uma qualidade consideravelmente melhor do que outras técnicas de compressão de imagens. Organiza os coeficientes wavelet de acordo com um teste significativo e armazena esta informação numa nova folha. Utilizando os valores de pixel de uma imagem de entrada, a imagem é decomposta em quatro sub-bandas utilizando a DWT. De seguida, a imagem decomposta é comprimida utilizando o código SPIHT. A imagem comprimida assim obtida é implementada utilizando o kit FPGA. O SPIHT tem um método de codificação simples e não requer tabelas de processamento. Isto faz com que a codificação SPIHT seja um algoritmo mais adequado para a operação de implementação em kit FPGA.

As comunicações por satélite têm vindo a crescer devido ao desenvolvimento de técnicas rápidas e eficientes para o armazenamento e transmissão de imagens de satélite. O objetivo deste módulo é diminuir o tamanho da imagem, enquanto se transmite a imagem original. Esta imagem reduzida é designada por imagem comprimida. Esta imagem é transmitida e reconstruída no lado recetor, de modo que a imagem comprimida é descomprimida para obter a imagem original e também a transmissão desta imagem de satélite aumenta a precisão da comunicação, mas requer menos largura de banda. Na maior parte dos sistemas, a quantidade de informação que o utilizador pretende comunicar requer algumas formas de compressão para uma utilização eficiente e fiável da comunicação, embora existam várias técnicas de compressão conhecidas, muitas delas requerem um algoritmo computacionalmente exigente. Este é um problema importante na imagiologia por satélite, em que a privação de imagens pode ser crítica. Tendo em conta a questão acima referida, o módulo WBA proposto foi concebido para utilizar a wavelet de sub-banda para melhorar a taxa de compressão e a qualidade, que é implementada pelo algoritmo bem conhecido denominado algoritmo de codificação e descodificação de sub-banda na ferramenta de software MATLAB 7.1.

Módulo de rede de sensores sem fios baseado na decomposição em árvore quádrupla, As imagens têm uma necessidade de armazenamento visivelmente mais elevada do que o texto, pelo que, durante a transmissão de um conteúdo multimédia, existe a possibilidade de os pacotes serem eliminados devido ao ruído e às interferências circundantes. No lado do destino, a informação valiosa do pacote pode ser danificada ou perdida devido a ruído, interferência e congestionamento. Para evitar que a informação valiosa seja perdida, foram propostos vários esquemas de retransmissão, pelo que é utilizado o esquema WSN baseado no QTD. O QTD é um método de segmentação de imagens que divide a imagem em todas as áreas correspondentes. O algoritmo WSN baseado em QTD é utilizado para analisar as várias imagens e os parâmetros da rede. Este módulo é utilizado na análise de parâmetros como CR, PSNR, MSE, BPP em imagens comprimidas e na análise de parâmetros técnicos durante a transmissão de pacotes de dados na RSSF, como o tamanho do pacote, o atraso, o consumo de tempo e a taxa de transferência.

Neste domínio, é proposto um sistema de compressão de imagens sem perdas para VLSI baseado no Código Binário Ajustado Simplificado rápido e eficiente e, em seguida, no algoritmo do Código de Arroz de Golomb para apresentar a compressão de imagens sem perdas. As imagens comprimidas são convertidas para a forma binária e estes ficheiros são implementados no Xilinx Platform Studio. O algoritmo SABC utilizado reduz o número de processos matemáticos e atinge uma velocidade de processamento elevada. O algoritmo FGRC é utilizado para eliminar a dependência dos dados, pelo que o poder de processamento é reduzido. A diferença de cor do pré-processamento também está planeada para melhorar a eficácia da codificação com o processo matemático do algoritmo SABC baseado em VLSI, que é utilizado para fornecer uma solução bem sucedida para a implementação VLSI do processo ao nível dos pixéis. O desempenho da abordagem de compressão de imagem baseada em VLSI é analisado em termos de sinal de porta, frequência, ciclos de relógio necessários, potência, taxa de processamento e tempo.

O objetivo futuro deste módulo é que a qualidade da imagem possa ser melhorada com um valor elevado da relação sinal/ruído de pico, utilizando outras técnicas de compressão. Este método pode ainda ser melhorado através da implementação do kit Field Programmable Gate Array.

RECONHECIMENTO

Antes de mais, quero exprimir o meu profundo sentimento de gratidão a **Deus Todo-Poderoso**, pois nunca poderia ter realizado esta investigação sem a sua graça, misericórdia e bênçãos em abundância. Estou especialmente grato à minha **mulher e** aos meus **pais** pelo seu amor, preocupação, ajuda e orações valiosas. É com imenso prazer que exprimo a minha sincera e sentida gratidão ao meu orientador**, Dr. R. Ravi,** Professor e Diretor do Centro de Investigação de CSE, Francis Xavier Engineering College, Tirunelveli, pelo seu apoio constante, orientação, discussões frutuosas e, depois, pelo seu envolvimento total, que nos ajudou a concluir com êxito a nossa investigação.

Agradeço também aos membros do meu Comité de Doutoramento, **Dr. S. S. Vinsley,** Professor e Diretor de ECE, Narayanaguru College of Engineering, Nagercoil e **Dr. J. Sutha**, Professor e Diretor de CSE, Sethu Institute of Technology, Virudhunager, pelas suas valiosas sugestões e orientações para a realização do trabalho.

É com grande prazer e imensa gratidão que agradeço ao Presidente do SCAD Group of Institutions**, Dr. S. Cletus Babu,** que me deu alojamento neste laboratório do Centro de Investigação Reconhecido da Universidade de Anna, no Francis Xavier Engineering College, para concluir o meu doutoramento. Estou grato ao Diretor, **Dr. V. Ilangovan**, pela sua preocupação, ajuda, aconselhamento e apoio. Com grande privilégio, estendo os meus agradecimentos à **Sra. Vedha Priya Vadhana,** Professora e Diretora da ECE, pelas sugestões válidas e pela autorização para utilizar as instalações do laboratório de investigação.

Agradeço de coração e profundamente a todos os membros do corpo docente do nosso departamento pela sua amável ajuda durante o trabalho de investigação. Os meus sinceros agradecimentos aos professores e assistentes do laboratório que me ajudaram e apoiaram manual e moralmente durante os meus esforços.

MUTHUKUMARAN N

ÍNDICE DE CONTEÚDOS

CAPÍTULO 1 9

CAPÍTULO 2 16

CAPÍTULO 3 33

CAPÍTULO 4 66

CAPÍTULO 5 96

CAPÍTULO 6 118

CAPÍTULO 7 147

CAPÍTULO 8 171

CAPÍTULO 9 179

LISTA DE ABREVIATURAS E SÍMBOLOS

AZTEC	-	Amplitude Zone Time Epoch Coding
Bx	-	B translated with x
BBCA	-	Block Based Compression Algorithm
CALIC	-	Context based Adaptive Lossless Image Coding
$\delta(x)$	-	Delta function
DCT	-	Discrete Cosine Transform
DFT	-	Discrete Fourier Transform
DWT	-	Discrete Wavelet Transform
PG	-	Distance between pixel centers measured
EDA	-	Electronic Design Automation
EDK	-	Embedded Developer's Kit
EZW	-	Embedded Zero tree Wavelet
=	-	Equal
FELICS	-	Fast Efficient Lossless Image Compression System
FPGA	-	Field Programmable Gate Arrays
FDCT	-	Forward DCT
GSB	-	General Scaling Based
GIF	-	Graphics Interchange Format
$r_k - k^{th}$	-	Gray level
ai	-	Gray value of ith pixel
HPF	-	High Pass Filter
HH	-	High pass to High pass
HL	-	High pass to low pass

X	-	Image
$\in$	-	Indicated
IOB	-	Input / Output Buffer
IC	-	Integrated Circuit
IDE	-	Integrated Development Environment
JPEG	-	Joint Photographic Experts Group
JPEG-LS	-	Joint Photographic Experts Group- lossless/near lossless compression
JTAG	-	Joint Test Action Group
LUT	-	Look Up Tables
LPF	-	Low Pass Filter
LH	-	Low pass to high pass
LL	-	Low pass to low pass
MATLAB	-	Matrix Laboratory
V_{max}	-	Maximum intensities
MSE	-	Mean Squared Error
V_{min}	-	Minimum intensities
$\times$	-	Multiplication
NA	-	Not Available
1D-DWT	-	One Dimensional Discrete Wavelet Transform
OS	-	Operating System
θ	-	Orientation
PSNR	-	Peak Signal to Noise Ratio
PLATGEN	-	Platform Generation Tool
PNG	-	Portable Network Graphics
QTD	-	Quad Tree Decomposition

PR	-	Packet Ratio
RAM	-	Random Access Memory
RTL	-	Register Transfer Level
RLC	-	Run Length Coding
SPIHT	-	Set Partitioning In Hierarchical Trees
SC	-	Sign Coding
S(x)	-	Skeleton of a set x
SRAM	-	Static Random Access Memory
SOC	-	System On Chip
TIFF	-	Tagged Image File Format
3D-SBHP	-	Three Dimensional - Sub band Block Hierarchical Partitioning
T	-	Threshold value
SK(x)	-	Union of skeleton subsets
USB	-	Universal Serial Bus
VLSI	-	Very Large Scale Integration
VHDL	-	VHSIC Hardware Description Language
VGA	-	Video Graphics Array
VB	-	Visual Basic
WBC	-	Wavelet Based Coding
WSN	-	Wireless Sensor Networks
XMD	-	Xilinx Microprocessor Debug
XPS	-	Xilinx Platform Studio
ZC	-	Zero Coding

CAPÍTULO 1

INTRODUÇÃO

1.1 INTRODUÇÃO

Este capítulo apresenta os pormenores sobre a visão geral do processamento de imagens e discute brevemente a estrutura da visão geral das técnicas VLSI (Very Large Scale Integration) e analisa também os métodos existentes relacionados com o meu trabalho de investigação, modificando-os e introduzindo depois um novo conceito nos métodos propostos. Com base nos métodos propostos, são discutidos o conceito e os pormenores e também são analisados a motivação e o objetivo da minha investigação e, em seguida, é discutida a organização da tese em capítulos completos.

1.2 VISÃO GERAL DO PROCESSAMENTO DE IMAGENS

O processamento de imagens é uma área de resultados muito ativa em diversos domínios, como a medicina, a astronomia, a microscopia, a defesa, o desenho técnico, o controlo de qualidade industrial e a indústria do entretenimento. Normalmente, a imagem pode ser classificada em dois tipos. O primeiro é a imagem analógica e o outro é a imagem digital. As imagens digitais estão amplamente disponíveis na Internet, nas câmaras e nos scanners. De um modo geral, a imagem refere-se à função bidimensional de concentração de brilho f(x, y). As imagens podem ter uma representação digital ou analógica. A imagem é primeiro digitalizada. Uma imagem digital f(x, y) foi desacreditada tanto em termos espaciais diretos como de luminosidade. Na representação digital de uma imagem, esta é representada como uma matriz de números. A imagem digitalizada pode ser classificada pelos seus níveis de intensidade ou escalas de cinzento que vão de 0 (preto), que representa o nível de intensidade mais escuro, a 255 (branco), que representa o nível de intensidade mais brilhante.

Cada elemento da matriz de imagem é designado por elemento de imagem ou elemento de píxel. Um tamanho típico é uma matriz de 512 × 512 com 128 níveis de cinzento. Numa imagem a cores, a representação é semelhante, exceto que, em cada posição da matriz, o número representa três cores primárias: vermelho, verde e azul. Para uma representação a cores de 24 bits por pixel, o número é dividido em três segmentos de 8 bits. Cada segmento representa a intensidade de uma das cores primárias. O número de bits utilizados para representar cada pixel determina as cores a apresentar. De um modo geral, o processamento digital de imagens pode dividir-se em quatro categorias mais importantes, como a compressão, a melhoria, o restauro e a segmentação de imagens. A compressão de imagens é o processo mais conhecido. Envolve a redução da quantidade de memória necessária para armazenar uma imagem digital. O melhoramento de imagens é utilizado para melhorar a imagem. É utilizada para aumentar o contraste e mapear de um nível de cinzento para outro, utilizando a convolução e a transformação. É subjetivo. O restauro de imagens é utilizado para remover ou minimizar a degradação de uma imagem. O objetivo do processo de restauro é melhorar o aspeto de uma imagem.

1.3 VISÃO GERAL DA VLSI

O desenvolvimento do VLSI é a Integração em Muito Grande Escala. Neste caso, a expressão "integração" refere-se à dificuldade do circuito integrado (CI). É o processo de conceção, implementação, verificação, fabrico e ensaio de um CI ou chip VLSI. As matrizes de portas programáveis em campo (FPGA) representam uma tecnologia reconfigurável que é adequada para o processamento de imagem e vídeo. A tecnologia reconfigurável pode ser planeada com uma modificação para ser concebida várias vezes para os processos futuros. A lógica envolvida no domínio FPGA pode ser reconfigurada várias vezes com uma conceção diferente. Como designer, podemos modificar o processador reconfigurado tantas vezes quantas as necessárias. O ambiente de software integrado (ISE) é o produto central de automatização do projeto eletrónico (EDA) da Xilinx. A entrada e a síntese do projeto ISE apoiam principalmente a codificação Verilog ou a codificação VHDL da verificação completa.

1.4 MÉTODOS EXISTENTES RELACIONADOS COM ESTE DOMÍNIO

A ideia de base dos métodos existentes é descrita da seguinte forma: o método de compressão JPEG é capaz de comprimir dados de imagem com um valor de píxeis com uma velocidade e eficiência razoáveis. Não se trata de um algoritmo único e pode ser considerado como um conjunto de ferramentas de métodos de compressão de imagem do utilizador. Neste caso, a compressão JPEG produz uma pequena quantidade de imagens comprimidas, mas de má qualidade, pelo que o algoritmo de compressão baseado em blocos é o melhor método para muitas aplicações. O JPEG é a técnica de compressão com perdas, mas aqui discutimos o algoritmo de compressão baseado em blocos para uma compressão sem perdas. Utilizando esta técnica, podemos obter um rácio de compressão elevado e um erro quadrático médio baixo e também implementado em kit.

A DCT é a técnica para representar formas de onda como uma soma ponderada de cossenos DCT, que é normalmente utilizada para a compressão de dados. Exprime uma progressão de dados limitados a diferentes frequências. É uma transformada associada à DCT comparável à Transformada Discreta de Fourier (DFT). As DCTs são equivalentes às DFTs no funcionamento com dados reais com uma entrada regular. Aqui, os valores dos pixéis da imagem do ambiente 2D variam entre 0 e 255 para os valores de intensidade e entre -128 e +127. Aqui, 0 representa o pixel escuro e 255 representa o pixel mais brilhante. Os valores dos píxeis são indicados com base no píxel mais brilhante como valor do píxel de referência. O principal inconveniente das técnicas DCT é o processo de descompressão para obter a imagem original. Aqui, o processo de descodificação é um pouco complicado e é modificado e melhorado como uma nova compressão designada por algoritmo BBC. Utilizando este algoritmo BBC, podemos obter um CR elevado e um MSE baixo.

A série Wavelet Based Coding (WBC) é a representação de uma função de valor complexo pela wavelet. É o esquema de compressão de dados mais adequado para a compressão de imagens, áudio e vídeo. O objetivo da compressão de wavelets é armazenar o máximo possível de dados num determinado ficheiro.

Utilizando o WT, os métodos de compressão wavelet estão a representar informações como o som em áudio para imagens de alta frequência. Wavelet é uma função matemática que divide os dados em mecanismos de frequência diferentes e, em seguida, ajusta cada módulo com uma resolução adequada à sua escala.

Os métodos existentes, nomeadamente WBC, JPEG, codificação baseada em DCT, codificação DFT, WBC, codificação EZW, são métodos antigos que apresentam muitas desvantagens, tais como compressão com perdas, rácio de compressão deficiente, rácio sinal/ruído máximo (PSNR), erro médio quadrático (MSE), implementação complexa de hardware, custo elevado e consumo de energia muito elevado. Para ultrapassar esta situação, é tido em conta o método proposto.

1.5 SISTEMA PROPOSTO RELACIONADO COM ESTE DOMÍNIO

O método proposto consiste em recolher a imagem de amostra, que pode estar em qualquer formato de ficheiro, comprimi-la e recuperar a imagem original. Assim, o tamanho da memória necessária seria reduzido. O algoritmo de compressão proposto utiliza o conceito de diferentes esquemas de codificação de compressão. O método proposto é utilizado para aumentar o valor de PSNR e reduzir o valor de Bits por pixel (BPP) e a taxa de compressão (CR), sendo depois analisado em vários parâmetros de processamento de imagem. De igual modo, após a compressão, a imagem é implementada no domínio do kit VLSI e analisada em função de vários parâmetros, como a porta de processamento, a frequência, a área, os ciclos de relógio necessários, a potência, o tamanho da matriz, a taxa de processamento e o tempo.

Os métodos propostos, nomeadamente o algoritmo BBC para a aquisição de imagens comprimidas com base em implementações VLSI, o algoritmo de código DWT e SPIHT para a implementação FPGA da análise da compressão e recuperação de imagens. A análise do desempenho da compressão e descompressão rápida e eficiente de imagens de satélite para o algoritmo baseado em Wavelet (WBA), a análise baseada no algoritmo Quad Tree Decomposition (QTD) da comunicação de dados de imagens comprimidas com e sem perdas utilizando redes de sensores sem fios (WSN), a conceção e a análise do desempenho do sistema de compressão de imagens sem perdas para o algoritmo ABC rápido e eficiente baseado em VLSI.

Nesta tese, os módulos acima referidos são discutidos e todos os cinco módulos têm algoritmos de compressão e implementação diferentes. Utilizando estes cinco módulos, podemos analisar os vários parâmetros relacionados com a compressão de imagens e a implementação VLSI.

1.6 MOTIVAÇÃO

Os algoritmos ou métodos existentes envolvem, nomeadamente, WBC, JPEG, codificação baseada em DCT, codificação DFT, codificação EZW, que são métodos antigos e têm muitas desvantagens, como a implementação complexa em hardware, o custo elevado e o consumo de energia muito elevado. Para ultrapassar este problema, o método proposto é tido em conta e envolve também os métodos existentes, que são o fluxo de codificação complexo no código binário ajustado (ABC), o parâmetro do código de arroz de Golomb (GRC) varia, o que aumenta a capacidade de armazenamento e a dependência de dados do pixel.

Os métodos algorítmicos propostos envolvem o algoritmo BBC para a aquisição de imagens de compressão com base em implementações VLSI, o algoritmo de código DWT e SPIHT para a implementação FPGA da compressão e recuperação de imagens. A análise do desempenho da compressão e descompressão rápidas e eficientes de imagens de satélite para WBA, a análise baseada no algoritmo QTD da comunicação de dados de imagens comprimidas com e sem perdas utilizando WSN e a conceção e análise do desempenho do sistema de compressão de imagens sem perdas para VLSI com base no algoritmo SABC e FGRC rápido e eficiente e na análise dos parâmetros de análise de tempo, área e velocidade de consumo para implementações VLSI.

1.7 OBJECTIVO

O objetivo desta investigação é analisar os vários desempenhos da arquitetura em comparação com os modelos existentes, melhorar a qualidade, a resolução e a componente progressiva para a compressão de imagens sem perdas e também para comprimir a imagem sem perder qualquer qualidade de imagem, conceber a compressão de imagens de alta velocidade para a arquitetura ou algoritmos baseados em VLSI como (Algoritmo BBC, Algoritmo de Código DWT e SPIHT, Algoritmos WBA rápidos e eficientes, Algoritmo QTD sem perdas, Algoritmo SABC e FGRC), implementar e analisar parâmetros VLSI baseados em simulação.

1.8 ORGANIZAÇÃO DA TESE

A tese está organizada da seguinte forma:

O Capítulo 1 apresenta a introdução ao problema de investigação, a importância do estudo e a motivação e, por fim, são apresentados os objectivos do estudo.

O Capítulo 2 é a revisão exaustiva da literatura sobre os métodos existentes relacionados com o meu trabalho de investigação e as vantagens e desvantagens do estudo existente são aqui apresentadas.

O Capítulo 3 apresenta o método proposto, nomeadamente o algoritmo BBC para a aquisição de imagens compressivas com base em implementações VLSI, que foi desenvolvido e apresentado.

O capítulo 4 é o outro módulo do método proposto, nomeadamente a implementação em FPGA da compressão e recuperação de imagens utilizando o código DWT e SPIHT, que foi desenvolvido e apresentado.

No Capítulo 5, é apresentada a análise de desempenho da compressão e descompressão rápida e eficiente de imagens de satélite para WBA.

No Capítulo 6 é apresentada a análise baseada no algoritmo QTD da comunicação de dados de imagens comprimidas com e sem perdas utilizando RSSF.

No Capítulo 7, são apresentados o projeto e a análise de desempenho do sistema de compressão de imagem sem perdas para VLSI baseado no algoritmo ABC rápido e eficiente e no GRC.

O capítulo 8 trata da análise comparativa de todos os métodos anteriores e dos parâmetros de análise relacionados com o processamento de imagens e VLSI apresentados.

O capítulo 9 é o resumo e a conclusão, juntamente com o âmbito futuro do trabalho a efetuar e a melhorar o desempenho. Segue-se a lista dos artigos referidos para a investigação e, em seguida, os artigos revistos pelos pares publicados na Universidade de Anna, reconhecidos no Anexo I e no Anexo II de revistas e conferências internacionais.

1.9 CONCLUSÃO E TRABALHO FUTURO

A conclusão e também o trabalho futuro desta investigação são discutidos. A parte da conclusão contém os pormenores sobre os métodos ou algoritmos e, em seguida, o software utilizado nestas técnicas e na análise. Finalmente, nos capítulos seguintes, são discutidas sugestões para trabalhos futuros e modificações e, em seguida, são discutidos os parâmetros envolvidos e indicados os resultados da simulação.

CAPÍTULO 2

VISÃO GERAL DOS MÉTODOS EXISTENTES RELACIONADOS PARA O MEU TRABALHO DE INVESTIGAÇÃO

2.1 INTRODUÇÃO

A introdução dos métodos existentes ou a pesquisa bibliográfica neste trabalho de investigação destina-se a analisar a compressão baseada no processamento digital de imagens, especialmente na compressão de imagens sem perdas, e estas imagens comprimidas são recuperadas e analisam os parâmetros de processamento de imagens com base nos vários algoritmos. Estes dados ou imagens comprimidos são implementados para analisar a visão geral dos parâmetros de implementação VLSI baseados em simulação, como a área, a velocidade e a potência. Aqui, com um maior número de algoritmos como (algoritmo BBC, algoritmo de código DWT e SPIHT, algoritmos WBC rápidos e eficientes, algoritmo QTD, algoritmo SABC e FGRC), são discutidos todos os algoritmos acima referidos baseados em arquitetura VLSI com análise de simulação.

Os métodos existentes, nomeadamente, WBC, JPEG, codificação baseada na transformada discreta de cosseno, codificação baseada na transformada discreta de Fourier (DFT) e codificação EZW, são métodos antigos que apresentam muitas desvantagens, tais como compressão com perdas, CR, PSNR e MSE reduzidos, implementação complexa de hardware baseada em simulação, custo elevado e consumo de energia muito elevado. Para ultrapassar este problema, é tido em conta o método proposto.

2.2 MÉTODOS EXISTENTES

Akter et al (2008) desenvolveram uma técnica conhecida como SPIHT modificada (MSPIHT), que requer menos tempo de execução a uma taxa de bits baixa e menos memória de trabalho do que a SPIHT. A principal desvantagem é o facto de não estar ao nível da implementação em hardware e de não existir uma análise medida. (Bermak &

Zhang, 2010) desenvolveu uma técnica que comprime os dados dentro de cada pixel antes do armazenamento, reduzindo assim o tamanho da memória necessária para o sensor de pixéis digitais. O inconveniente da utilização desta técnica reside no facto de ser utilizada para medir apenas um número reduzido de bits, pelo que a gama dinâmica do sistema também é comprimida.

Wang (2008) desenvolveu um novo algoritmo recursivo para calcular a DCT 2Dimensional através de um procedimento simples dos cálculos recursivos 1Dimensionais envolvendo os coeficientes. Assim, os resultados finais mostram que a redução da utilização de hardware pode facilmente atingir 25% e a frequência de relógio pode aumentar para 17%. Mas o inconveniente de usar este algoritmo de técnicas recursivas não está ao nível da implementação do kit FPGA e também podemos usar coeficientes de imagem bidimensionais.

Andra et al (2002) efectua uma nova DWT direta e inversa utilizando um esquema baseado em elevação para a compressão de imagens JPEG 2000. Geralmente, a arquitetura deste módulo é constituída por dois processadores de linhas e colunas e, em seguida, por dois módulos de memória técnica. Cada processador contém dois somadores, um multiplicador e um deslocador. A precisão dos multiplicadores e dos somadores foi determinada utilizando módulos de simulação de grande alcance e cada módulo é constituído por uma elevada largura de banda computacional. O principal inconveniente da utilização desta técnica é o facto de a arquitetura ter sido implementada apenas no modo comportamental do domínio VHDL. Assim, a área ocupada nesta arquitetura e na sua implementação é elevada.

Ansari & Ananda (2009) desenvolveram uma arquitetura eficiente em termos de memória de alto débito para as técnicas de compressão de imagem baseadas em SPIHT. Nesta arquitetura, são processadas as optimizações efectuadas nos diferentes níveis de codificação matemática, desde o conceito superior do algoritmo até às implementações dos circuitos inferiores. A velocidade do algoritmo SPIHT é aumentada através da utilização de um codificador aritmético binário adaptativo. A codificação é feita em linguagem VHDL e sintetizada usando a plataforma Xilinx do ISE 13.2 e simulada usando o software ISim. A desvantagem de usar esta técnica é que a velocidade do algoritmo SPIHT é aumentada usando o codificador aritmético binário adaptativo e este módulo é implementado apenas no modo de síntese, não há kit de hardware implementado.

Artyomov & Pecht (2006) desenvolveram uma resolução múltipla adaptável do processamento do sensor de imagem. Esta técnica de processamento de sensores baseada no algoritmo QTD decompõe uma imagem em regiões de contorno quadrado. O processo de imagem é segmentado e, em seguida, o valor do bloco e o seu tamanho são armazenados na forma de pixel da ilustração. Normalmente, a implementação ao nível do chip é utilizada para resolver o problema do acesso limitado à informação, reduzindo a quantidade de dados a transmitir em todas as fases da informação. O inconveniente de utilizar esta técnica é a perda elevada de pacotes e o tempo de processamento é elevado, além de exigir mais energia para o processamento.

Bhuyan et al (2007) desenvolveram o fluxo de design de hardware do processador 2Dimensional forward DWT baseado em elevação para o algoritmo JPEG 2000. Neste módulo, para construir uma compressão de imagem de alta qualidade no módulo JPEG 2000, foi executado um algoritmo FDWT 2D eficaz para o processo de descompressão de um ficheiro de imagem de entrada para obter todos os valores dos coeficientes. Neste módulo, o método de elevação é utilizado para reduzir o número de passos de operação em relação à abordagem de convolução direta do sistema. Utilizando estas concepções, os módulos de hardware do sistema são reduzidos e a complexidade do desempenho é desenvolvida numa plataforma FPGA reconfigurável para implementação em kit VLSI. O inconveniente da utilização desta técnica é que a implementação baseada em aplicações em tempo real exige uma frequência de relógio operacional e o tempo de processamento será elevado.

Carlson (2002) desenvolveu uma comparação de um sensor de imagem CMOS moderno com baixa dissipação de energia e um sistema de funcionamento de alimentação única com elevada sensibilidade e baixo ruído. O inconveniente da utilização desta técnica reside no facto de exigir uma elevada capacidade de processamento.

Chen (2004) desenvolveu uma arquitetura VLSI para a implementação de uma DWT unidimensional baseada em elevação. Esta arquitetura de todos os níveis de resolução das etapas de processamento nas mesmas unidades de passagem baixa e de passagem alta permite obter um fator de utilização de hardware mais elevado. De um modo geral, os passos dos processos são modulares, regulares e a estrutura da arquitetura é flexível. Nesta conceção, obtém-se uma imagem altamente escalável para diferentes níveis de resolução de pixéis. O inconveniente de utilizar esta técnica para o processo de implementação é que o desempenho da velocidade é baixo, pelo que o tempo de processamento é muito elevado. Nesta técnica, o foco principal está na área de processamento para a implementação.

Deng & Lin (2012) desenvolveram uma compressão de imagem baseada em conteúdo para aumentar a qualidade visual do tamanho das resoluções na extremidade recetora. Os resultados da compressão de imagem baseada em conteúdo mostram aos utilizadores finais técnicas no lado do destino das imagens recebidas com conteúdo de alta resolução de alta qualidade de codificação de imagem eficiência para toda a transmissão do sistema. O inconveniente do sistema reside no facto de, ao utilizar estes módulos, o tempo de processamento ser elevado e o desempenho ser baixo.

Chien Wen Chen et al (2009) desenvolveram um algoritmo de compressão de imagens sem perdas, que se destina à compressão de imagens de satélite de alta qualidade. Este algoritmo permite obter imagens de satélite de qualidade superior com uma taxa de bits de largura de banda inferior, com uma qualidade e um tamanho de imagem comparáveis. O principal inconveniente desta técnica é o facto de não implicar a implementação de hardware e de o nível de compressão não ser satisfatório.

Corsonello et al (2005) desenvolveram um sistema de implementação FPGA baseado num microprocessador para técnicas de compressão de imagens com perdas. Neste caso, o sistema de compressão de imagens implementa um algoritmo de compressão baseado em wavelets reconhecido de forma expansiva. Neste caso, a compressão é computacionalmente concentrada para a compressão bidimensional baseada em WT e é efectuada por meio de circuitos de recolha. O inconveniente da utilização desta técnica é a elevada frequência de relógio e a elevada taxa de processamento. A técnica de compressão utilizada é a compressão com perdas, mas o nosso trabalho proposto contém compressão sem perdas para todos os módulos.

Danian Gong et al (2004) desenvolveram arquitecturas baseadas em DCT 2Dimensional e DCT Inversa para compressão e recuperação de imagens. Neste caso, é desenvolvida uma nova arquitetura VLSI para a decomposição linha-coluna sem transposição. A precisão do teste do sistema foi concebida para encontrar os melhores parâmetros possíveis de comprimento de palavra e também esta arquitetura atingiu o menor comprimento de arquitecturas DCT 2Dimensionais para compressão e técnicas IDCT para descompressão da imagem original. O inconveniente da utilização desta técnica reside no facto de a compressão da imagem não estar ao nível adequado e de a frequência de relógio de funcionamento ser elevada, o que exige uma grande capacidade de processamento.

Shah & Vithlani (2014) desenvolveram um sistema de compressão de imagens com perdas orientado para VLSI, que é amplamente utilizado como núcleo da compressão de imagens digitais. Aqui, o método matemático disseminado é utilizado para aplicar os coeficientes baseados em wavelets, pelo que o número de operações matemáticas pode ser consideravelmente concentrado uma a uma. Neste caso, a codificação DPCM e a codificação e descodificação Huffman são aplicadas à sequência binária de compressão de imagens. Neste caso, o módulo de simulação é utilizado para analisar o desempenho, que é um dos parâmetros mais utilizados. Utilizando esta técnica, obtêm-se todos os parâmetros e o inconveniente de utilizar esta técnica é a compressão com perdas para módulos inteiros e, para a sua aplicação, é necessário um elevado poder de processamento.

Ferrigno et al (2005) desenvolveram um método para reduzir o gasto de energia da faixa de potência em RSSF. Este método baseia-se num equilíbrio entre as responsabilidades de processamento e transmissão que pode ser aplicado em todas as medições baseadas em imagens. A transmissão de comunicação tem o maior consumo de energia e para encontrar o melhor CR dá uma redução significativa do tempo de transmissão, retornando e objectivando a qualidade da imagem. Aqui podemos obter uma taxa de compressão elevada numa imagem de alta qualidade. O principal inconveniente da utilização desta técnica é o facto de não estar ao nível das informações transmitidas quando os dados são transmitidos de um local para outro e de se utilizar aqui uma técnica de compressão com perdas para a compressão da imagem.

Fry & Hauck (2005) desenvolveram a implementação da compressão de imagem SPIHT em lógica reconfigurável FPGA. Este sistema foi desenvolvido com peças Xilinx Virtex E. A desvantagem do Virtex E é que o desempenho da velocidade é baixo quando comparado com o kit Spartan 3 EDK.

Kim & Park (2001) desenvolveram aplicações de elevado desempenho e baixa utilização de energia para sequências de fotogramas de vídeo com base em novas técnicas de arquitetura de fronteira. Neste módulo, a arquitetura pode consistir numa técnica de conversão de endereços de matriz para utilizar a informação que os algoritmos de processamento de vídeo têm para aceder à memória. Os resultados deste módulo são que a arquitetura é utilizada para diminuir a gama de activações de linhas e também para aumentar a largura de banda da memória. O inconveniente da utilização desta técnica é que a velocidade de processamento é baixa quando comparada com a do algoritmo SABC e FGRC.

Hao Xiao et al (2008) desenvolveram uma transformada rápida de Fourier reconfigurável e de baixo custo que é utilizada para processar a informação de duplo percurso em cadeia partilhada com a arquitetura da memória. Nesta técnica, a arquitetura baseada na configuração da memória do sistema é concebida para criar um dispositivo RAM de porta única. Em comparação com a anterior, esta arquitetura de módulo tem o maior grau de redução de área. O inconveniente da utilização desta técnica é que a frequência de relógio de funcionamento é elevada e requer uma elevada potência de processamento.

Kai Liu et al (2012) desenvolveram uma arquitetura de compressão de análise de codificadores matemáticos eficientes em termos de memória de alto rendimento para a compressão de imagens SPIHT. Utilizando esta arquitetura, os métodos são executados a diferentes níveis do processo matemático, desde circuitos de gama superior a circuitos de gama inferior para sistemas de implementação. A principal desvantagem do sistema é o facto de apenas serem atribuídos bits de baixo nível para fins de armazenamento e de ser utilizado um esquema de contexto simples para reduzir o tamanho da memória.

Kalomiros & Lygouras (2008) desenvolveram o desempenho de uma arquitetura hardware/software concebida para realizar um processamento rápido de imagens. A arquitetura do sistema é baseada em hardware com um coprocessador FPGA e um computador anfitrião. O canal de comunicação e os tempos de processamento do hardware e da lógica de software implementados são apresentados para vários tamanhos de arestas. O inconveniente da utilização desta técnica é o facto de exigir uma área de processamento de memória elevada.

Krishnan et al (2006) desenvolveram um método para permitir técnicas de visualização de áreas remotas e dados de navegação a partir de imagens médicas. Esta técnica é necessária para utilizar a compressão de imagem escalável e, em seguida, os modelos eficientes a serem obtidos com a interatividade e a visualização de experiências de imagem. Neste caso, analisa-se o efeito dos parâmetros de compressão da imagem na taxa de compressão, no MSE, nos tempos de descodificação e na interatividade. O principal inconveniente da utilização deste método é o facto de as técnicas de compressão com perdas e o processamento de dados não serem implementados.

Liu et al (2007a) desenvolveram uma nova abordagem para o algoritmo de compressão de imagem em pintura, tendo em vista o sinal de qualidade visual e, em seguida, o idealista de pixéis. Neste módulo, uma imagem original é analisada no lado do codificador e a imagem comprimida é analisada no descodificador. O inconveniente da utilização desta técnica reside no facto de apenas produzir parâmetros de processamento da imagem analisada e não a implementação do kit.

Liu et al (2007b) desenvolveram uma arquitetura VLSI que implementa e executa as técnicas DWT baseadas em linhas utilizando um grupo de sistemas de elevação. Esta arquitetura é constituída por processadores de linhas e colunas e, em seguida, por um buffer e um componente de controlo. Aqui, o processador de linha e coluna trabalha nos filtros horizontais e verticais por esta ordem. O inconveniente da utilização desta técnica é que não está ao nível dos parâmetros de compressão da imagem e, para efeitos de implementação, requer muito espaço de memória.

Luis & Jones (2003) desenvolveram uma nova abordagem de processos de alta velocidade de algoritmo de compressão de dados e imagens sem perdas. Aqui, o processo de implementação de hardware baseado no kit VLSI é utilizado para atingir os valores máximos de débito de 1,6 Gbit/s. Neste caso, o esquema de compressão da imagem é de baixo custo e o processo de implementação da tecnologia FPGA é elevado. O inconveniente da utilização desta técnica reside no facto de não estar ao nível da taxa de compressão e da recolha de parâmetros de implementação.

Mehboob et al (2006) desenvolveram uma nova arquitetura para a implementação em hardware da compressão de dados sem perdas. A arquitetura é escalável em função dos requisitos de comparações paralelas de processos em pipeline. Neste caso, o grau de paralelismo pode ser reduzido com o compromisso e a relação menos importante de velocidade e débito.

Milward et al (2004) desenvolveram um chip processador e compressor multinível paralelo de elevado desempenho baseado na implementação. Neste caso, os desempenhos das técnicas de encaminhamento de entrada e saída para conjuntos de dados práticos e a conceção da política de compressão têm um efeito importante na compressão e no rendimento da imagem. Afecta o desempenho da compressão e o rendimento. Assim, a compressão de dados não está ao nível adequado e a taxa de compressão é baixa.

Farahani & Eshghi (2007) desenvolveram um novo projeto do DWPT com uma orientação de dispositivo de hardware altamente eficiente. Neste caso, o projeto baseia-se no pipeline em série para a conceção de circuitos e a verificação de arquitecturas e também no procedimento de pipeline paralelo para o processamento de filtros. Esta arquitetura de alta velocidade de processamento é adequada para aplicações em tempo real em linha e pode ser implementada para o DWPT com quaisquer níveis de arquitecturas em árvore. Neste caso, o principal inconveniente é a não implementação do algoritmo de compressão de imagem, pelo que a área de processamento pode exigir muito espaço e, por conseguinte, um elevado consumo de energia.

Nikolakopoulos et al (2013) desenvolveram a compressão e o restabelecimento de imagens transmitidas uma após outra através de RSSF. Aqui, o algoritmo QTD é usado para minimizar a baixa complexidade e a restauração da imagem é feita usando o algoritmo de imagem em pintura, que é usado para reduzir o ruído. O desempenho não é satisfatório quando verificado com aplicações baseadas em imagens através de RSSF.

Yanez & Jones (2002) desenvolveram uma nova abordagem de arquitetura baseada em aplicações de elevado desempenho para a implementação em tempo real com compressão de dados sem perdas e, neste caso, os dados permitidos são a compressão e a descompressão de dados. Neste caso, trata-se de uma implementação de hardware baseada em FPGA e utiliza-se esta técnica com tecnologia FPGA eficiente e reprogramável de baixo custo. O inconveniente da utilização desta técnica é que, durante o tempo de transmissão, podem ser introduzidos alguns erros pelo canal de comunicação.

Ponomarenko et al (2007) desenvolveram um esquema de compressão de imagens de alta qualidade utilizando um sistema de divisão baseado na DCT. Nos primeiros passos, a imagem é dividida em blocos com diferentes tamanhos de imagem por modificação baseada em distorção. Os coeficientes DCT aritméticos quantizados de cada tamanho de bloco de imagem são minimizados por uma codificação de plano de bits. Assim, a pós-filtragem dos dados de interferência é removida e, em seguida, as imagens são descomprimidas. Com esta técnica, obtém-se uma imagem comprimida consideravelmente melhor do que com o JPEG e outras técnicas de compressão baseadas em DCT. O principal inconveniente da utilização desta técnica é a compressão com perdas, mas esta técnica é utilizada para atingir uma taxa de compressão muito elevada, mas não implica a implementação ao nível do kit.

Pujar & Kadlaskar (2010) desenvolveram um esquema de compressão e descompressão de imagens sem perdas utilizando a técnica de codificação de Huffman. Esta técnica é utilizada para comprimir e descomprimir uma imagem de uma forma suave. Neste módulo, é uma técnica simples de análise de simulação e utiliza menos sinais de largura de banda de memória. Aqui, o principal inconveniente é que não há implementação de hardware relacionada com VLSI, mas esta codificação de Huffman é utilizada para atingir valores de parâmetros de compressão de imagem sem perdas muito elevados.

Ratakonda & Ahuja (2002) desenvolveram um método de compressão de imagens sem perdas que emprega uma informação para redundâncias espaciais de informação de dados de imagem. Os resultados apresentados neste módulo são o desempenho dos melhores métodos e produzem melhores níveis de RC quando comparados com a norma de compressão de imagens sem perdas JPEG para uma vasta gama de imagens. Aqui, quando comparado com as técnicas propostas, a principal diferença é que não há implementação de hardware no domínio relacionado com o VLSI.

Said & Pearlman (1996) desenvolveram uma técnica muito eficaz e simples para um sistema de compressão de imagens sem perdas. Aqui, os resultados da codificação da compressão de imagens são utilizados para calcular o tamanho real dos ficheiros de imagens e o tamanho reconstruído dos ficheiros de imagens. Em conjunto, as novas acções de codificação e descodificação são extremamente rápidas para o código matemático. A principal diferença é que não há implementação de hardware relacionada com VLSI e apenas se analisam parâmetros de processamento de imagens sem perdas.

Shoushun Chen et al (2011) desenvolveram uma solução de nível de chip único para integrar a análise do sensor de imagem e a implementação em hardware de algoritmos de compressão de imagem. Esta técnica explica sucintamente o conceito de um procedimento de quantização adaptativa de limites seguido do processamento em linha de QTD. Aqui, o método QTD é utilizado para permitir a compressão de imagens comprimidas e de baixa potência para o sinal integrado com um compacto digital de análise do sensor de imagem CMOS. O inconveniente é a arquitetura ao nível do chip e o tipo de compressão é com perdas.

Subramanian & Reddy (2010) desenvolveram a implementação VLSI e a análise de um multiplicador totalmente pipelined de técnicas DCT. É amplamente utilizado para todos os algoritmos de compressão de imagem digital.

Esta arquitetura é utilizada como núcleo do hardware de compressão JPEG. Aqui, toda a arquitetura é dividida em duas análises de cálculo de técnicas DCT unidimensionais, utilizando uma análise de buffer invertido. O principal inconveniente da utilização desta técnica é que, em comparação com a técnica proposta, ocupa muito espaço de memória e a frequência do ciclo de relógio é elevada.

Sun & Lee (2003) desenvolveram uma compressão de imagem JPEG que é uma implementação de nível de chip único baseada em hardware. Aqui, em cada bloco valioso, o chip é utilizado para simular. Esta arquitetura de hardware é utilizada principalmente para reduzir o tamanho das tabelas de Huffman e, em seguida, apenas a sua tabela é concebida para a implementação em FPGA. Por conseguinte, o fim dos processos leva à implementação do kit e à análise dos valores de conceção das células. Neste módulo, o chip de processamento contém 4,11,745 transístores e o tamanho do chip é de $6{,}6 \times 6{,}9\ mm^2$. Por conseguinte, o único inconveniente é o facto de exigir um tempo de processamento elevado.

Taubman (2006) desenvolveu um novo algoritmo de compressão de imagem baseado na codificação de blocos incorporada com fluxos de bits incorporados optimizados. O algoritmo tem uma dificuldade de auto-eficácia e é adequado para aplicações em tempo real que envolvem a navegação inacessível de grandes imagens comprimidas. A desvantagem de usar esta técnica é que as técnicas de compressão com perdas, mas o nosso trabalho proposto tem compressão de imagem sem perdas e implementação em kit.

Tsung Han Tsai et al (2010) desenvolveram um algoritmo de compressão sem perdas, rápido e eficiente, baseado na análise VLSI, que consiste num fluxo de codificação complexo em código binário ajustado e código de arroz Golomb com seleção de parâmetros k menos armazenados e dependência de dados para o pixel mais próximo. Nesta técnica, modificámos o algoritmo como algoritmo SABC e FGRC. Aqui, o principal problema é a utilização de um fluxo de codificação complexo no ABC e a dependência de dados dos valores dos píxeis é utilizada para atingir os valores máximos de débito de 2,36 Gb/s. Mas o método proposto é utilizado para obter valores de débito muito elevados.

Vaisey & Gersho (1992) desenvolveram um algoritmo de compressão de imagens de alta qualidade que é utilizado para obter uma imagem em regiões de diferentes tamanhos, classificando-a através de métodos de segmentação. Aqui, cada região é segmentada num dos vários valores de categorias no redimensionamento. Este método é utilizado para obter um resultado de alta qualidade a taxas elevadas de valores entre 0,35 e 0,7 b/p, consoante a natureza da imagem original. O inconveniente da utilização desta técnica, em comparação com os métodos propostos, é o facto de não existirem implementações e análises de kits de hardware relacionados com VLSI.

Weinberger et al (2000) desenvolveram uma compressão de imagens sem perdas e de baixa dificuldade para a compressão de imagens sem perdas e com perdas de imagens ininterruptas. Baseia-se num modelo simples de fundo fixo, que se aproxima da capacidade das técnicas mundiais mais complexas para captar dependências de ordem elevada. O principal problema é que não envolve a implementação em hardware. (Wu, 2001) desenvolveu uma arquitetura bem organizada para o algoritmo bidimensional DWT. No módulo de transformação, utilizamos o método de decomposição polifásica e a técnica de decomposição de coeficientes para os filtros de decimação das fases 1 e 2 do processo, respetivamente. O maior problema é que não há implementação em hardware e a compressão é com perdas.

Xixin Cao et al (2006) desenvolveram uma arquitetura bem organizada e simples para o sistema DWT. O produto interno da matriz de coeficientes é a entrada sobre a análise dos dados de entrada e dos dados de saída e, em seguida, o coeficiente. No coeficiente, os mapas lineares são atribuídos aos elementos de processamento no domínio do espaço respiratório. Neste caso, a frequência de funcionamento é elevada e a técnica de compressão com perdas não tem implementação em hardware.

Han & Leou (1998) desenvolveram o reconhecimento e a melhoria dos erros de transmissão em imagens JPEG utilizando o modo de ação baseado na DCT cronológica. Esta abordagem pode recuperar imagens JPEG de alta qualidade a partir de imagens JPEG manchadas equivalentes a BERs até à região de 0,4%. O principal problema é a compressão com perdas. (Zhang & Bermak, 2007) desenvolveram uma nova abordagem do sensor CMOS de baixa potência para a plataforma de conceção de imagens para transmissão sem fios. O módulo, ao mais alto nível, reduz a necessidade de memória do chip através da contribuição da memória de armazenamento ao nível do pixel na matriz do sensor com o processador de imagem digital. O principal inconveniente é a elevada complexidade computacional e o atraso na transmissão.

Zhu & Ma (2000) desenvolveram um movimento de atribuição de vectores de várias imagens de teste comummente utilizadas. Neste caso, a atribuição baseia-se na estimativa do movimento dos componentes vectoriais. Os resultados da simulação desta representação de imagem são o algoritmo baseado no DS e o seu desempenho é muito superior ao conceito do novo algoritmo bem conhecido baseado no Three Step Search (TSS). O principal inconveniente é o facto de apenas se medir o parâmetro de processamento da imagem e não se discutir nada sobre a análise de simulação VLSI.

2.3 SISTEMA PROPOSTO

Os métodos propostos, nomeadamente, o algoritmo de compressão baseada em blocos (BBC) para a aquisição de imagens por compressão com base em implementações VLSI, o algoritmo de código DWT e SPIHT para a implementação FPGA da compressão e recuperação de imagens, a análise do desempenho da compressão e descompressão rápida e eficiente de imagens de satélite para WBA, a análise baseada no algoritmo QTD da comunicação de dados de imagens comprimidas com e sem perdas utilizando WSN, a conceção e a análise do desempenho do sistema de compressão de imagens sem perdas para VLSI com base no algoritmo rápido e eficiente SABC e FGRC.

No algoritmo BBC, a imagem de amostra é decomposta em blocos e, em cada bloco, é selecionado o pixel de referência. O pixel de referência é considerado o pixel mais brilhante em que os valores diferenciais são sempre positivos e, em seguida, são calculados os valores diferenciais entre os pixels de referência. Os valores diferenciais são então quantizados e, como resultado, a memória é comprimida para a gama dinâmica. Além disso, os valores do grau de diferença são sempre obtidos em relação ao pixel de referência, pelo que a acumulação de erros é completamente evitada. Este método é utilizado para aumentar o valor de PSNR e reduzir o valor de BPP e CR.

O algoritmo de código DWT e SPIHT é uma técnica de modelo simples e eficiente em termos de memória de alto rendimento. O SPIHT é uma técnica altamente eficiente para comprimir imagens decompostas por DWT. Inclui tanto o processamento digital de imagens como o domínio VLSI. A imagem comprimida assim obtida é implementada utilizando o kit FPGA. O desempenho da abordagem de compressão de imagem proposta é analisado utilizando vários parâmetros.

O WBA é utilizado para analisar a compressão da imagem/dados, que se reduz ao tamanho da imagem/dados e estes dados compactos são designados por compressão e são utilizados para reconstruir os dados e reduzir o número de bytes necessários para representar a informação. Nesta compressão, a imagem original é dividida em dois filtros de coeficientes, como o passa-baixo e o passa-alto. Após o processo de filtragem, a imagem é enviada para a secção de transformação para processos 1D para 2D. Após o processo de convolução, a imagem original é dividida em linhas decimadas e ocorre um processo de amostragem decrescente por coluna. Por fim, após a amostragem, obtêm-se as imagens decimadas de passagem baixa e de passagem alta com CR elevado e, finalmente, todo o processo da parte de compressão é interrompido e entra-se nos processos de conversão da imagem original interpolada/descompressão. Aqui, utilizamos a convolução 2D porque a imagem tem uma função bidimensional. Na imagem decomposta, esta é convertida numa secção interpolada de duas linhas e colunas utilizando a amostragem e, em seguida, a convolução de amostragem da imagem decomposta e transformada é medida. Esta técnica é utilizada para encontrar os coeficientes e, finalmente, obter as imagens reconstruídas e, por fim, parar o processo de reconstrução.

O algoritmo QTD tem uma baixa complexidade e as melhorias na área das RSSF, normalmente são utilizadas aplicações multimédia. Para colmatar esta necessidade, surgiram novos tipos de redes sem fios rápidas e algoritmos de compressão para satisfazer as necessidades de largura de banda para a entrega de conteúdos multimédia. Do ponto de vista da largura de banda, a necessidade de uma largura de banda elevada e de modos abertos de transmissão e receção de pacotes está em desacordo com as capacidades de comunicação das RSSF, que se caracterizam por uma largura de banda reduzida, um comprimento pequeno dos pacotes de dados e uma comunicação assíncrona entre nós. Esta situação resulta numa necessidade dominante de comprimir os dados antes da sua transmissão através da rede.

No algoritmo SABC e FGRC, o SABC cria um modelo compacto de distribuição de probabilidades que é adotado para reduzir a operação aritmética no ABC. O algoritmo FGRC é utilizado para eliminar a dependência dos dados da rotação de parâmetros variáveis, deslocando a amostra inferior ao limiar para a secção intermédia. Após a rotação circular, a geração da palavra de código adiciona um limiar à amostra que é superior aos valores de limiar. O bit de limite inferior é atribuído às outras amostras na secção intermédia. Como resultado, o comprimento da palavra de código de cada amostra é consistente com a distribuição de probabilidade do intervalo. A velocidade de processamento pode ser seriamente limitada.

2.4 OBJECTIVO

Os métodos propostos são o algoritmo BBC para a aquisição de imagens de compressão com base em implementações VLSI, o algoritmo de código DWT e SPIHT para a implementação FPGA da compressão de imagens e a discussão da análise de recuperação, a análise do desempenho da compressão e descompressão rápida e eficiente de imagens de satélite para WBA, a análise baseada no algoritmo QTD da comunicação de dados de imagens comprimidas com e sem perdas utilizando WSN, a conceção e a análise do desempenho do sistema de compressão de imagens sem perdas para VLSI com base no algoritmo ABC rápido e eficiente.

2.5 CONCLUSÃO E TRABALHO FUTURO

Em conclusão, este capítulo discutiu e analisou brevemente a investigação existente nesta área e os problemas enfrentados durante a investigação e a forma de melhorar os resultados em comparação com os existentes. Neste capítulo, analisámos um maior número de métodos e algoritmos existentes e, utilizando estes métodos, aprendemos a analisar a formulação do problema e também a analisar a solução do problema para o sistema proposto. Utilizando estas técnicas propostas, compreendemos como escrever e executar a investigação com base na solução proposta. Estes pormenores são apresentados resumidamente no objetivo. O objetivo é o foco de toda a investigação e, com base no objetivo, todos os capítulos são discutidos e analisados.

CAPÍTULO 3

IMPLEMENTAÇÃO E ANÁLISE EM VLSI DE ALGORITMOS DE COMPRESSÃO BASEADOS EM BLOCOS

3.1 INTRODUÇÃO

O conceito de imagem expandiu-se para incluir conjuntos de dados tridimensionais e depois conjuntos de dados tetradimensionais de volume e tempo. As imagens digitais ou analógicas estão geralmente disponíveis na Internet, em discos compactos, em câmaras com dispositivos de carga acoplada e em scanners. Normalmente, as imagens referem-se à função de intensidade bidimensional f(x, y) em que x e y são representados como coordenadas com a direção do brilho desse ponto. Se a imagem for analógica, é primeiro convertida em digital. Uma imagem digital f(x, y) tem sido a representação de uma imagem, e é representada como uma matriz de números. A imagem digital pode ser classificada pelos seus níveis de concentração ou escalas de cinzento que variam entre 0 (preto), que representa o nível de intensidade mais escuro, e 255 (branco), que representa o nível de intensidade mais brilhante.

Cada elemento da matriz de imagem é designado por elemento de imagem ou pixel. Um tamanho típico é uma matriz de 512 × 512 que representa 128 níveis de cinzento. Numa imagem a cores, a representação é semelhante, exceto que, em cada posição da matriz, o número representa três cores primárias: vermelho, verde e azul (RGB). No caso de uma representação a cores de 24 bits por pixel, o número é dividido em três segmentos de 8 bits. Cada segmento representa a intensidade de uma das cores primárias. O número de bits utilizados para representar cada pixel determina a forma como as diferentes cores de cinzento podem ser apresentadas. Na técnica de compressão de imagem sem perdas, permite uma renovação exacta do original, mas os CRs alcançáveis situam-se apenas na região de 2:1. O desempenho da abordagem de compressão de imagem proposta é analisado em termos de porta, frequência, ciclos de relógio necessários, potência, taxa de processamento e tempo de processamento.

Neste módulo, as ferramentas de hardware utilizadas são o processador dual core e o kit FPGA Spartan 3 EDK e, em seguida, a ferramenta de software é o sistema operativo Windows 7 e o kit de ferramentas é o MATLAB 7.8 e, finalmente, implementado no Xilinx Platform Studio.

3.2 MÉTODOS EXISTENTES

Os métodos existentes, nomeadamente a codificação baseada em WBC, JPEG e DCT, são métodos muito antigos que apresentam muitas desvantagens, como a implementação complexa em hardware, o custo elevado e o consumo de energia muito elevado. Para ultrapassar esta situação, é tido em conta o método proposto. De seguida, apresentam-se alguns dos métodos existentes relacionados com este módulo,

3.2.1 Grupo Conjunto de Peritos em Fotografia

O método de compressão JPEG é capaz de comprimir dados de imagem com um valor de píxeis com uma velocidade e eficiência razoáveis. Não se trata de um algoritmo único e pode ser considerado como um conjunto de ferramentas de métodos de compressão de imagem do utilizador. O algoritmo JPEG produz imagens muito pequenas e comprimidas, mas de má qualidade, pelo que o algoritmo de compressão baseado em blocos é o melhor método para muitas aplicações. O JPEG é a técnica de compressão com perdas, mas aqui discutimos o algoritmo de compressão baseado em blocos para a compressão sem perdas. Utilizando esta técnica, podemos obter uma elevada taxa de compressão e um baixo erro quadrático médio.

3.2.2 Transformada discreta do cosseno

A DCT é o método para formas de onda representativas como uma soma ponderada de cosseno DCT, que é normalmente utilizada para a compressão de dados. Exprime uma progressão de finitos com muitos dados a diferentes frequências. É uma transformada associada à DCT semelhante à Transformada Discreta de Fourier (DFT). As DCTs correspondem a DFTs operacionais com os valores de entrada. Aqui, os valores dos pixéis da imagem matricial 2D variam entre 0 e 255 valores e entre -128 e +127 valores. Aqui, 0 representa o pixel escuro e 255 representa o pixel mais brilhante. Aqui, os valores dos pixéis são indicados com base no pixel mais brilhante como valor de referência. O principal inconveniente da técnica DCT é o processo de descompressão para obter a imagem original. Neste caso, o processo de descodificação é um pouco complicado, pelo que podemos modificar e melhorar uma nova compressão designada por algoritmo BBC. Utilizando este algoritmo BBC, podemos obter uma taxa de compressão elevada e um MSE baixo.

3.2.3 Codificação baseada em Wavelet

A codificação baseada em wavelets é a representação de uma função de valor real através de determinadas séries geradas pela wavelet. A codificação baseada em wavelets é adequada para técnicas de compressão de dados e é também compatível com a compressão de imagens, áudio e vídeo. O objetivo da compressão baseada em wavelets é armazenar o máximo possível de dados num único ficheiro. A codificação baseada em wavelets é uma função matemática que divide os dados em diferentes mecanismos de baixa e alta frequência e, em seguida, ajusta cada componente com uma resolução adequada à sua escala. No pedaço de informação, há muitos coeficientes no símbolo de wavelet com valor muito pequeno ou zero. Esta caraterística permite efetuar a compressão dos dados da imagem. Nas famílias de wavelets, existem vários inconvenientes. Um dos mais importantes é o processo simétrico. Para evitar o processo simétrico, podemos utilizar o algoritmo BBC.

3.3 SISTEMA PROPOSTO

O procedimento do método proposto consiste em recolher a imagem de amostra, que pode estar em qualquer formato de ficheiro, comprimi-la e recuperar a imagem original. Assim, o tamanho da memória necessária seria reduzido. O algoritmo de compressão proposto utiliza o conceito de esquema de codificação diferencial. Neste esquema, há uma acumulação de erros nas arestas vivas da imagem de amostra. Este é um grave inconveniente do esquema de codificação diferencial. Para evitar este erro, o pixel mais brilhante do bloco é tomado como pixel de referência, que é utilizado para codificar os valores. No algoritmo de compressão proposto, a imagem modelo ou de entrada é decomposta em blocos. Dentro de cada bloco, é selecionado o pixel de referência. O pixel de referência é considerado o pixel mais brilhante em que os valores diferenciais são sempre positivos. Os valores diferenciais entre o pixel dentro do bloco e o pixel de referência são calculados. Os valores diferenciais são então quantizados. Como resultado, a memória é comprimida para a gama dinâmica. Para além disso, os valores do grau de diferença são sempre obtidos em relação ao pixel de referência, uma vez que a acumulação de erros é completamente evitada. O método proposto é utilizado para aumentar o valor de PSNR e reduzir o valor de BPP e CR.

3.3.1 Imagem de amostra

A utilização do sensor de imagem CMOS é negligenciada devido ao seu elevado custo e complexidade. Por conseguinte, a imagem de amostra é tomada como qualquer um dos seguintes formatos de ficheiro. O JPEG (JPG) é um formato normalmente utilizado para guardar fotografias. A qualidade da fotografia é melhor e o tamanho do ficheiro pode ser limitado. O GIF é normalmente utilizado na Internet. Este formato limita o número de tons de cor possíveis na fotografia a 256. É frequentemente utilizado para logótipos, ícones ou fotografias a preto e branco e a sua qualidade é inferior. TIFF é um formato frequentemente utilizado para fotografias de alta qualidade. É utilizado em scanners, câmaras digitais e impressoras. Dada a qualidade superior da imagem, o tamanho do ficheiro é também muito grande. PNG é um formato de ficheiro semelhante ao GIF. Os tons de cor não estão limitados a 256. A desvantagem deste tipo de ficheiro é o seu tamanho, que é geralmente muito elevado. A imagem de ficheiro JPEG é calculada para comprimir também imagens a cores ou em escala de cinzentos. As imagens fotográficas são melhor armazenadas num formato JPEG sem perdas. Existem vários tipos de transformação no algoritmo de compressão e descompressão de imagens JPEG utilizado atualmente. O formato de ficheiro TIFF é uma norma de ficheiro comummente aceite. O TIFF é um formato de ficheiro elástico. Normalmente, o formato de ficheiro TIFF é de 8 bits ou 16 bits para imagens a cinzento e a cores, nomeadamente RGB para 24 bits ou 48 bits.

3.3.2 Compressão

A compressão está a tornar-se importante para o vídeo, o áudio e a vulgar compressão de imagens sem movimento é a função da compressão de dados em imagens digitais. O objetivo é diminuir a informação dos dados da imagem, a fim de armazenar ou transmitir dados de uma forma bem organizada. Há uma variedade de algoritmos de compressão de imagem propostos e estabelecidos como normas, tais como as normas do grupo conjunto de peritos em fotografia, a codificação baseada em DCT e a codificação baseada em wavelets. A aquisição compressiva consiste em comprimir a imagem durante a aquisição, o que é efectuado por um algoritmo de compressão baseado em blocos.

3.3.3 Quantização

Normalmente, a quantização é o processo de mapeamento de grandes valores de entrada para um pequeno conjunto de valores de arredondamento. Assim, a função do dispositivo de quantização que executa reduz a incorreção do valor de saída no lado do recetor. Neste tipo de processo, pode ocorrer um erro, que se designa por erro de arredondamento. A quantização é utilizada para transformar uma imagem de taxa de bits inferior num valor de taxa de bits superior. Esta técnica está presente em todas as imagens digitais em formato digital. As técnicas de quantização são normalmente utilizadas sob a forma de técnicas com e sem perdas para os algoritmos de compressão. A quantização dos valores de saída pode ser fixa ou ter inúmeros valores, pelo que, com base nos valores de quantização, são definidos os valores de entrada e de saída.

3.3.4 Redundância espacial

Um elemento que é duplicado dentro de uma estrutura, como os pixels numa imagem fixa e os padrões de bits num ficheiro, é conhecido como redundância espacial. O sinal analógico é primeiro quantizado e, em seguida, os sinais quantizados são digitalizados antes de serem armazenados numa memória de fase de pixel. Em seguida, os dados digitais passam pelo processo de compressão da imagem para reduzir a quantidade de dados a transmitir em permanência. Normalmente, uma caraterística do fluxo de sinal é descrita por três passos básicos, nomeadamente a captura, o armazenamento e a compressão. Isto consome muito espaço de memória. A questão da elevada necessidade de armazenamento é proposta através da compressão dos dados durante o processo de captação de imagens.

3.4 EXPLICAÇÃO DO ALGORITMO DE COMPRESSÃO BASEADO EM BLOCOS

Nos algoritmos de compressão baseados em blocos, o tamanho do bloco de uma imagem é atribuído a partir da imagem original. A escolha do tamanho do bloco deve ser bem informada, de modo a obter o melhor equilíbrio entre a qualidade da imagem e a compressão. Inicialmente, a imagem à escala de cinzentos é tomada como entrada e é feita a inicialização do tamanho da imagem. Como o tamanho da imagem de entrada não é múltiplo do tamanho do bloco, a imagem é redimensionada e são obtidas novas dimensões das imagens de entrada. O número de blocos não sobrepostos é calculado separando o tamanho total de uma imagem de entrada pelo tamanho do bloco. A matriz lógica pode ser obtida a partir da condição do valor médio. Se a média calculada for superior ao valor do bloco atual, o valor lógico "1" substitui o valor original do bloco atual e se a média calculada for inferior ao valor do bloco atual, o valor lógico "0" substitui o valor original do bloco atual. A partir daí, o l' lógico é tomado como K.

Em segundo lugar, se a imagem de entrada for considerada uma imagem a cores, é constituída por três componentes principais, nomeadamente as cores vermelha, verde e azul. Nesta secção, a componente vermelha é designada por 1, a verde por 2 e a azul por 3. Os passos são os mesmos que os seguidos na imagem à escala de cinzentos. Assim, é possível obter um valor PSNR em que o componente verde tem um valor PSNR elevado quando comparado com os componentes vermelho e azul. Por fim, os valores CR e BPP podem ser calculados tanto para a imagem à escala de cinzentos como para a imagem a cores.

3.4.1 Bits por pixel

A quantidade de bits em sequência a armazenar num valor de pixel de teste numa imagem é designada por bit por pixel. Em geral, o tamanho de uma imagem é de 24 BPP e é definido como a imagem de 24 bits por pixel, podendo ser uma imagem a cores ou em escala de cinzentos. Normalmente, um maior número de imagens de cores de diferentes tamanhos pode ser representado por 24 bits e, em seguida, a cor principal dos valores RGB com 8 bits para cada um.

3.4.2 Rácio sinal/ruído de pico

O efeito da descompressão dos dados codificados na imagem comprimida é uma explicação da relação sinal/ruído de pico. A PSNR é facilmente medida utilizando a quantidade relativa entre o sinal e a potência da imagem. Em geral, muitos sinais têm uma gama muito ampla de PSNR e, normalmente, uma gama elevada de valores PSNR indica a reconstrução de uma imagem de alta qualidade.

3.5 MOTIVAÇÃO

Os métodos existentes, nomeadamente a codificação baseada em WBC, JPEG e DCT, são métodos antigos que têm muitas desvantagens, como a implementação complexa em hardware, o custo elevado e o consumo de energia muito elevado. Para ultrapassar este problema, o método proposto é tido em conta.

Os módulos da BBC consistem em atrair uma imagem de entrada de amostra, que pode estar em qualquer formato de ficheiro, comprimi-la e recuperar a imagem original.

Assim, o tamanho da memória necessária seria reduzido. O algoritmo de compressão proposto utiliza o conceito de esquema de codificação diferencial. Neste esquema, há uma acumulação de erros nas arestas vivas da imagem de amostra. Este é um grave inconveniente do esquema de codificação diferencial. Para evitar a acumulação de erros, o pixel mais brilhante do bloco é tomado como valor de referência. No algoritmo de compressão BBC, a imagem de entrada, a cores ou à escala de cinzentos, é decomposta em blocos e, em cada bloco, é escolhido o ponto do pixel de referência. O pixel de referência é considerado o pixel mais brilhante em que os valores diferenciais são sempre positivos. São calculados os valores diferenciais entre o pixel do bloco e o pixel de referência. Os valores diferenciais são então quantizados e a memória é comprimida para a gama dinâmica. Além disso, os valores do grau de diferença são sempre obtidos em relação ao pixel de orientação, pelo que se evita a acumulação de erros durante todo o tempo. O algoritmo BBC é utilizado para aumentar a importância do PSNR e reduzir o valor do BPP e do CR.

3.6 OBJECTIVO

O objetivo dos módulos de compressão de imagem baseados na BBC é diminuir o número de bits necessários para armazenar e transmitir imagens sem qualquer perda considerável de informação. Em larga escala, o registo de imagens digitais requer uma grande memória. Por conseguinte, quanto maior for o tamanho de uma determinada imagem, maior será o espaço de memória necessário. No passado, a maioria das imagens continha fotocópias ou dados duplicados com ruído. Existem duas partes de dados duplicados na imagem. A primeira é a sobrevivência de um pixel que tem a concentração equivalente à dos seus pixels vizinhos. Por conseguinte, estes pixéis duplicados utilizam indevidamente mais espaço de armazenamento no sistema. Outro ponto de vista é que a imagem pode conter muitas secções repetidas. Estas secções correspondentes não precisam de ser codificadas muitas vezes para evitar redundâncias e a compressão de imagens é utilizada para reduzir as limitações de memória na representação de uma imagem digital. A norma geral utilizada na compressão de imagens consiste em diminuir a informação contida na imagem, de modo a que a memória de armazenamento essencial para a representar seja inferior à da imagem original.

De um modo geral, a compressão é importante porque existem grandes quantidades de imagens que podem ser transmitidas e armazenadas. Uma vez comprimida para efeitos de armazenamento, a imagem tem de ser descomprimida para utilização, através do inverso das operações de compressão. Com base no esquema de compressão, este pode ser de dois tipos. O primeiro é a compressão de imagens com perdas e a compressão de imagens sem perdas. Os métodos de compressão com perdas são adequados para a compressão de baixa taxa de bits. Os principais parâmetros da técnica de compressão com perdas são o CR e o PSNR. Aqui, o PSNR baseia-se no MSE da imagem processada com a imagem original. A compressão sem perdas é melhorada do que a compressão com perdas e, neste sistema de compressão de imagens sem perdas, o tempo em que a imagem é comprimida e descomprimida decide que a imagem descomprimida corresponde perfeitamente à imagem original. O método de compressão de imagem sem perdas pode também ser preferido no domínio da imagem médica, da compressão de dados e do desenho técnico.

3.7 ALGORITMOS DE COMPRESSÃO BASEADOS EM BLOCOS

3.7.1 Introdução aos algoritmos de compressão baseados em blocos

A conceção fundamental que segue a realização compressiva do algoritmo BBC é utilizada para comprimir a imagem antes do processo de armazenamento posterior. Assim, este processo combina a captura de imagens com a compressão, o que permite a utilização eficiente da memória de píxeis de nível superior. A compressão da imagem é gradualmente mais atractiva numa das operações de processamento mais importantes. Geralmente, a imagem é obtida a partir do ficheiro de imagem, conhecido como imagem de amostra, e comprimida por um esquema de codificação diferencial baseado em blocos. Assim, a imagem comprimida é armazenada numa memória intermédia para os processos posteriores e o processo de descompressão é efectuado para recuperar a imagem original.

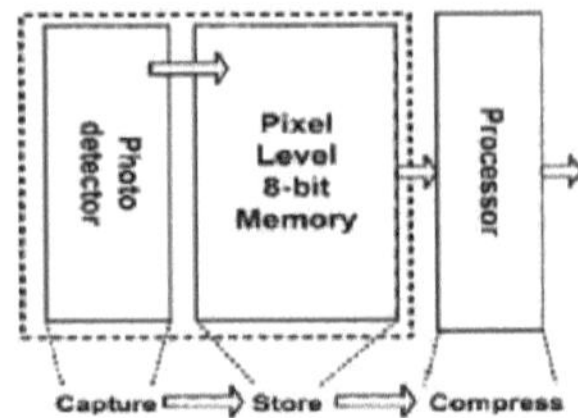

Figura 3.1 Arquitetura de pixéis utilizando a conceção habitual

A figura 3.1 mostra a conceção habitual, que explica o processo de captação da imagem através do detetor de fotografias e, em seguida, a imagem captada é armazenada na memória ao nível dos píxeis, seguindo-se o procedimento de compressão que é efectuado nos processos seguintes. A técnica de modificação proposta explica o processo de captação da imagem utilizando o detetor de fotografias e, em seguida, a imagem captada é comprimida no mesmo processador e a imagem comprimida é armazenada na memória ao nível dos píxeis. O processo é o seguinte: primeiro, o sinal analógico é convertido e, em seguida, este sinal é quantizado e digitalizado antes de ser armazenado numa memória de nível de pixel. Em seguida, os dados passam pelo processo de compressão, diminuindo a quantidade de informação transmitida. Normalmente, um fluxo de sinal típico é representado por três passos básicos: captura, armazenamento e compressão. Esta é a conceção habitual que consome muito espaço de memória de armazenamento. Para resolver este problema, propomos um sistema de compressão dos dados durante a captura de imagens que exige um elevado requisito de armazenamento.

Neste módulo, o método proposto utiliza o conceito de algoritmo BBC, no qual é utilizado o esquema de codificação diferencial. O algoritmo de compressão tenta eliminar as redundâncias espaciais e temporais. O esquema de codificação diferencial tem a vantagem de reduzir as gamas dinâmicas e de permitir a utilização de um número reduzido de bits de informação. A redundância espacial é definida como elementos que estão duplicados na estrutura e, em seguida, os dados passam pelo processo de compressão da imagem para diminuir a quantidade de informação de dados a transmitir.

Por conseguinte, o esquema de codificação diferencial tem o inconveniente de acumular erros devido às arestas vivas da imagem. Por conseguinte, para ultrapassar esta dificuldade de acumulação de erros no esquema de codificação diferencial, os pixéis de referência com precisão total são utilizados para codificar o valor absoluto em vez dos dados diferenciais. Por conseguinte, é utilizado o esquema BBC. Em cada bloco, um único pixel é utilizado como pixel de referência M(i). Os valores diferenciais entre os valores do pixel seguinte I(i, j) dentro do bloco e o valor do pixel de referência são calculados como D(i, j) e quantizados, o que é denotado ao mesmo tempo como D'(| - j). Neste ponto, podemos selecionar o pixel de orientação que deve ser o valor de pixel mais brilhante dentro do bloco de imagem. Ao mesmo tempo, a imagem com os valores de codificação diferenciais é obtida até ao final do tempo em relação aos valores de pixel de referência única e, finalmente, a acumulação de sinal de erro é totalmente evitada.

3.7.2 Explicação do algoritmo de compressão baseado em blocos

No algoritmo BBC, o tamanho do bloco de uma imagem é atribuído à opção de tamanho do bloco que tem de ser conhecida, de modo a obter a melhor estabilidade entre a qualidade da imagem e a compressão. Inicialmente, a imagem à escala de cinzentos é tomada como entrada e é feita a inicialização do tamanho da imagem. Quando a dimensão da imagem de entrada é alterada, a imagem é redimensionada e são obtidas novas dimensões da imagem de entrada. O número de blocos não sobrepostos é calculado separando a dimensão total de uma imagem de entrada pelo tamanho do bloco que é atribuído. Se os fotogramas forem separados em blocos não sobrepostos, cada bloco é comparado com o fotograma anterior.

O bloco atual é atribuído a partir da saída dos blocos não sobrepostos, que é tomada em forma de matriz. Em seguida, pode ser calculada a média do nível de cinzento do bloco atual. A matriz lógica pode ser obtida a partir da condição do valor médio. Se a média calculada for superior ao valor do bloco em curso, o valor lógico 1 substitui o valor original do bloco atual e se a média calculada for inferior ao valor do bloco atual, o valor lógico 0 substitui o valor original do bloco atual, uma vez que os 1's lógicos são considerados K. Aqui, obtêm-se os dados comprimidos que correspondem à imagem de entrada, seguidos da descompressão da imagem. Depois disso, a matriz lógica pode ser visualizada. O processo é seguido pelo cálculo do valor PSNR da imagem comprimida a partir do MSE.

Em segundo lugar, a entrada é considerada uma imagem a cores que consiste em três componentes: vermelho, verde e azul. Neste caso, a componente vermelha é indicada como 1, a verde como 2 e a azul como 3. Os passos são os mesmos que os seguidos na imagem à escala de cinzentos. Assim, é possível obter um valor PSNR em que o componente verde tem um valor PSNR elevado quando comparado com os componentes vermelho e azul. Finalmente, os valores CR e BPP podem ser calculados tanto para a imagem à escala de cinzentos como para a imagem a cores. Após a medição do valor dos parâmetros da imagem, vamos implementar essa imagem comprimida no kit FPGA Spartan 3 EDK. Antes de proceder à implementação, as imagens comprimidas acima referidas são convertidas para o formato de ficheiro de texto ou de ficheiro de bits utilizando o MATLAB, porque não é possível implementar diretamente a imagem no Xilinx platform studio. Estes pormenores de implementação são discutidos e os parâmetros são medidos no resto deste capítulo.

3.8 IMPLEMENTAÇÕES

As implementações do XILINX Platform Studio (XPS) são utilizadas para desenvolver projectos de sistemas baseados no Embedded Development Kit. Os projectistas utilizam o XPS para configurar e construir um requisito de hardware dos seus sistemas incorporados. O XPS converte o requisito de local de visualização do designer numa justificação de nível de transferência de registo (RTL). A linguagem de descrição de hardware Verilog ou VHSIC (VHDL) escreve um conjunto de scripts para automatizar a implementação desde o RTL inicial até ao pequeno ficheiro de fluxo. Em seguida, o limite XPS é o equipamento utilizado ao longo de toda a secção do fluxo de conceção. A linguagem de descrição do hardware VHDL é utilizada no processo de conceção de circuitos em tempo real para sinais digitais, como FPGA e IC.

3.8.1 Processo das ferramentas XPS

As etapas do processo XPS são as seguintes

i. Desenvolvimento do hardware do processador
ii. Geração de ficheiros de verificação
iii. Implementação do projeto
iv. Configuração do dispositivo

As janelas principais da XPS estão divididas em três áreas

i. Área de informações do projeto e separadores do Catálogo de PI do projeto
ii. Vista da montagem do sistema
iii. Janela da consola

Tem rótulos para identificar os seguintes domínios

i. Painel de conetividade
ii. Botões de visualização
iii. Painel de filtros

As ferramentas XPS são,

i. Ferramenta de criação de plataformas - PLATGEN
ii. Ferramenta de geração de modelos de simulação - SIMGEN

3.8.2 Técnicas portuárias

As técnicas de portas estão envolvidas na interface entre o sistema e o kit FPGA. Existem dois tipos de portas, que são discutidos a seguir. Um é a porta de série e o outro é a porta paralela. A porta série é a ligação em série da técnica de porta de um terminal a outro terminal. O verdadeiro problema da porta série é a largura de banda e a limitação da ligação das portas. A porta de série é a mais lenta do grupo em comparação com a porta paralela. As ligações de portas paralelas são fáceis e mais rápidas do que as ligações de portas de série. A desvantagem da porta paralela é o facto de necessitar de um número adicional de linhas de transmissão, pelo que as portas paralelas não são utilizadas a longa distância. Normalmente, as portas de série têm duas linhas de dados, uma de transmissão e outra de receção.

3.8.3 Spartan 3 EDK

O Spartan 3 EDK é o kit de análise e visualização de parâmetros VLSI e o seu baixo custo para séries de fabrico com processos avançados de novas tecnologias de desenvolvimento. É utilizado para distribuir um maior número de portas do sistema e uma plataforma flexível de entrada e saída da arquitetura FPGA com o funcionamento da porta lógica. Os projectistas de projectos de portas lógicas podem deparar-se com a dificuldade universal de aumentar a funcionalidade do projeto ao mesmo tempo que minimizam os custos do dispositivo, o que constitui a introdução geral do Spartan. Para efeitos de visualização, é oferecida a família Spartan 3E FPGA e a descrição da plataforma que se procurava ideal para projectos de portas lógicas programáveis. As várias caraterísticas principais, os pormenores do kit e as ligações de software de apoio são discutidos mais adiante.

3.8.3.1 Principais caraterísticas do Spartan 3 EDK

As principais caraterísticas do kit Spartan 3 EDK são geralmente os vários tipos de caraterísticas envolvidas.

i. 2 n.ºs de ecrã de sete segmentos
ii. Interface de teclado de matriz de 2 × 2 n.ºs
iii. Cabo da porta de série RS-232
iv. 8 n.ºs de entradas digitais
v. 8 n.ºs de saídas de LEDs digitais
vi. Interface LCD de 2 × 16 caracteres

vii. Interface VGA (Video Graphics Array)

viii. Fonte de relógio oscilador de cristal de 50 MHz

ix. Ligação de bordo Serviço de reguladores de 5V, 3,3V, 1,2V

3.8.3.2 Detalhes do kit Spartan 3 EDK

A descrição pormenorizada do kit Spartan 3 EDK é a seguinte

i. Adaptador de corrente

ii. Programador JTAG paralelo

iii. Ligação do cabo RS 232

iv. Dispositivos : XC3S200 (Spartan 3 FPGA)

v. Relógio: cristal de bordo de 50MHz

3.8.3.3 Benefícios e software de apoio

As vantagens e o software de apoio do kit Spartan 3 EDK são

i. Suporta VHDL.

ii. Programação JTAG e depuração da ligação.

iii. Xilinx ISE e Xilinx EDK.

3.9 RESULTADOS E DISCUSSÃO

3.9.1 Imagem de entrada

No algoritmo BBC, a imagem fixa de amostra é tomada como imagem de entrada. A imagem de entrada pode ter qualquer tamanho e qualquer formato de ficheiro, como GIFF, TIFF, JPEG e PNG. Neste módulo de investigação, a imagem de entrada original é guardada no formato de ficheiro JPEG. Nesta secção de entrada, pode ser utilizada uma variedade de tamanhos de imagens. Neste processo, o tamanho da imagem de entrada é escolhido como imagem a cores de 1024 × 1024 pixéis. Se a imagem de entrada for uma imagem RGB, é primeiro convertida em imagem à escala de cinzentos e só depois podemos comprimir essa imagem e implementá-la no kit.

Figura 3.2 Imagem de entrada

A Figura 3.2 acima mostra a imagem de entrada. A imagem de entrada pode ser de escala de cinzentos ou de imagem RGB (Red, Green, Blue). Se a imagem de entrada for uma imagem a cores, é primeiro convertida em imagem a cinzento. Em geral, uma imagem RGB pode ter três cores principais, como o vermelho, o verde e o azul. Isto é refletido pelo olho humano e, se uma imagem a cores tiver 24 bits, cada canal tem 8 bits e cada imagem pode armazenar o valor dos pixels entre 0 e 255. A imagem de amostra é mostrada utilizando o comando "imshow". Em seguida, a imagem é armazenada como pixel no formato de matriz.

3.9.2 Matriz lógica

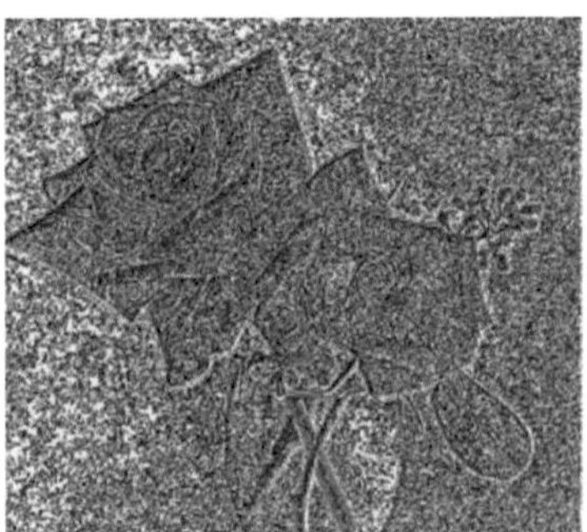

Figura 3.3 Matriz lógica

A Figura 3.3 mostra a matriz lógica da imagem de entrada. A matriz lógica tem os valores de 0 e 1. Uma vez que a imagem não é adequada para o processo de compressão, a imagem é convertida em dados lógicos e é adequada para esse processo.

3.9.3 Imagem comprimida

A imagem de entrada original é comprimida utilizando o algoritmo BBC. O bloco de exemplo de dimensão 4 × 4 é retirado aleatoriamente da matriz lógica. Um único bloco é retirado da seguinte forma

$$\begin{pmatrix} 248 & 248 & 249 & 250 \\ 248 & 247 & 248 & 249 \\ 248 & 247 & 247 & 248 \\ 248 & 247 & 247 & 247 \end{pmatrix}$$

A partir do bloco de exemplo, o pixel de referência que tem o maior valor é escolhido como o pixel mais brilhante. O pixel mais brilhante é apresentado a seguir. Píxel mais brilhante = 250. Neste caso, temos a análise da diferença entre a taxa do pixel mais brilhante e a taxa do pixel adjacente, como pretendido. Por conseguinte, os valores diferenciais são calculados da seguinte forma

$$\begin{pmatrix} 2 & 2 & 1 & 0 \\ 2 & 3 & 2 & 1 \\ 2 & 3 & 3 & 2 \\ 2 & 3 & 3 & 3 \end{pmatrix}$$

Para o bloco de exemplo, o valor médio é calculado adicionando os pixels individuais e dividindo a soma pelo número total de valores de pixels. Assim, o valor médio é calculado como Média = 247,8750. A partir do cálculo do valor médio, o bloco de exemplo é convertido em valor binário, de modo a que o valor superior ou igual à média seja indicado como verdadeiro (l's lógicos) e o valor inferior a do que a média é falsa (0's lógicos). A matriz resultante é dada abaixo e a soma dos verdadeiros (l's lógicos) é calculada como o valor K, que é igual a 10.

$$\begin{pmatrix} true & true & true & true \\ true & false & true & true \\ true & false & false & true \\ true & false & false & false \end{pmatrix}$$

3.9.4 Saída comprimida

Figura 3.4 Imagem comprimida

Figura 3.5 Matriz lógica comprimida

A figura 3.4 mostra a imagem comprimida obtida a seguir com o tamanho de 256 × 256 a partir da imagem original de 1024 × 1024. A imagem comprimida é então convertida em valores matriciais lógicos para obter a imagem original. A memória da imagem original é encontrada como 20,97,152 e a memória da imagem comprimida é obtida como 5,24,288. A partir da memória, são calculados os valores CR e BPP. CR = 0,0208 e BPP = 0,5000. Para uma imagem de boa qualidade, o valor PSNR deve ser elevado. A Figura 3.5 mostra a saída da matriz lógica comprimida.

3.9.5 Imagem descomprimida

A imagem comprimida obtida não é adequada para o processo geral. Assim, a descompressão dessa imagem é efectuada para recuperar a imagem original. Assim, a imagem descomprimida é a forma recuperada da imagem original e é obtida no tamanho de 1024 × 1024. A figura 3.6 mostra a imagem descomprimida, que tem a mesma qualidade que a imagem original de entrada, sem qualquer perda de sequência. Para uma imagem de boa qualidade, o valor PSNR será elevado e o valor BPP será baixo.

Figura 3.6 Imagem descomprimida

3.9.6 Valores de saída da PSNR

Os valores PSNR para a imagem descomprimida são obtidos como 48,6083 dB para a componente vermelha, 48,3268 dB para a componente verde e 47,7463 dB para a componente azul, conforme representado na Figura 3.7.

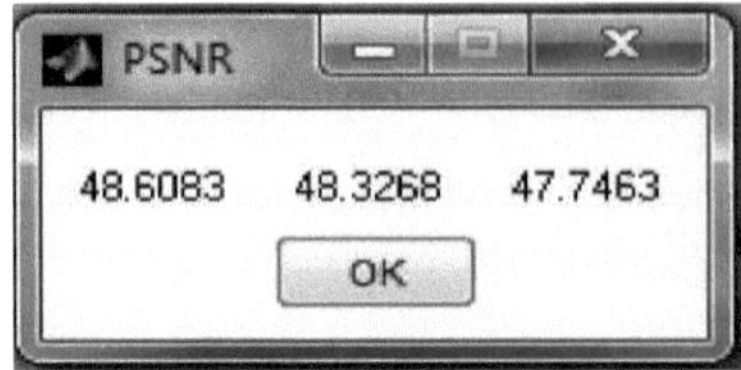

Figura 3.7 Valores de saída do PSNR

3.9.7 Valor de saída do rácio de compressão

A Figura 3.8 é representada como o valor de saída de CR. O rácio entre a memória da imagem comprimida (tamanho comprimido) e a memória da imagem original (tamanho não comprimido). Neste caso, o valor de CR é 0,041667.

Figura 3.8 Valor de saída de CR

3.9.8 Valor de saída da BPP

A Figura 3.9 é representada como o valor de saída de Bit por Pixel (BPP). Aqui, o valor BPP é obtido como 1 para o tamanho de bloco de 4 × 4.

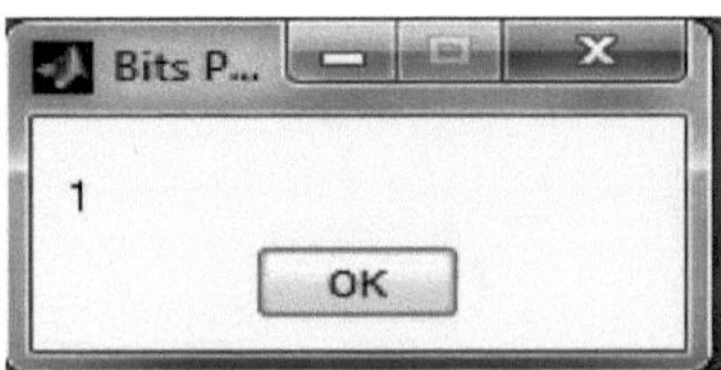

Figura 3. 9Valor de saída da BPP

3.9.9 Análise de comparação para imagens com vários tamanhos de bloco

Tabela 3.1 Comparação para vários tamanhos de bloco

Block size	PSNR values			CR	BPP
	Red	Green	Blue		
2 × 2	54.6059	53.2721	52.7109	4	0.166670
4 × 4	48.6083	48.3268	47.7463	1	0.041667
8 × 8	45.8122	46.0519	41.4115	0.25002	0.010417

Tabela 3.2 Comparação de diferentes tamanhos de imagens

Image size	Input image	Compressed Image	Logical Data	Decompressed Image
1024 × 1024				
512 × 512	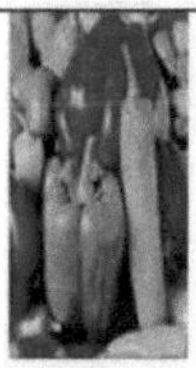		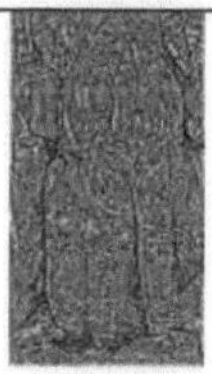	
256 × 256	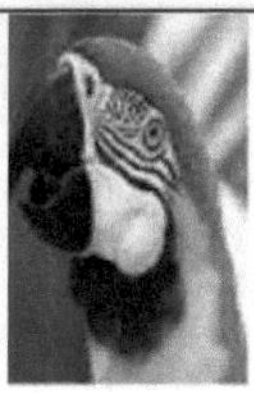	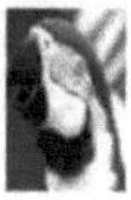		

Tabela 3.3 Comparação de PSNR, CR e BPP

Image size	PSNR values			CR	BPP
	Red	Green	Blue		
1024 × 1024	48.6083	48.3268	47.7463	1	0.041667
512 × 512	43.3912	42.5526	42.8343	0.041669	1.0001
256 × 256	40.68	40.9171	40.6213	0.041681	1.0003

Quadro 3.4 Análise comparativa do método atual e do método proposto

Methods	PSNR	BPP
Existing method	30 dB	1.5
Proposed method	48 dB	1.0

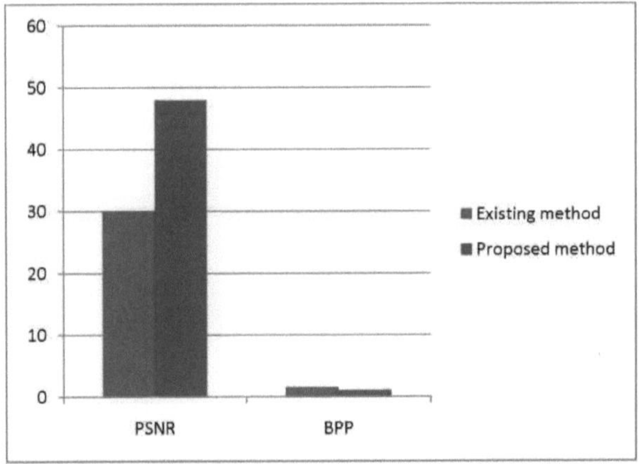

Figura 3.10 Gráfico de barras do método atual e do método proposto

A Tabela 3.1 mostra os valores PSNR para os componentes vermelho, verde e azul, os valores CR e BPP para vários tamanhos de bloco, como 2 × 2, 4 × 4 e 8 × 8. Para o tamanho de bloco 2 × 2, o valor PSNR é elevado, mas a qualidade da imagem é baixa. Para o tamanho de bloco 8 × 8, a imagem é de boa qualidade, mas tem um valor PSNR baixo. Para o tamanho de bloco 4 × 4, a qualidade da imagem será melhor, com um valor PSNR elevado. Assim, o tamanho de bloco 4 × 4 é escolhido para obter melhores resultados.

A Tabela 3.2 mostra a comparação de diferentes tamanhos de imagem, como 1024 × 1024, 512 × 512, 256 × 256, e a respectiva imagem descomprimida. O quadro 3.3 mostra a comparação dos valores PSNR, CR e BPP para uma variedade de tamanhos de imagem, como 1024 × 1024, 512 × 512, 256 × 256. Para o tamanho de imagem 1024 × 1024, o valor PSNR é elevado. Isto resulta numa menor necessidade de memória. Para a imagem de tamanho 512 × 512, o valor PSNR torna-se baixo com o aumento do BPP. Para o tamanho de imagem 256 × 256, o valor PSNR torna-se muito baixo com o aumento do valor BPP, quando comparado com os outros dois tamanhos de imagem. Para a imagem RGB, os valores PSNR são obtidos para os componentes vermelho, verde e azul. Para a imagem em escala de cinzentos, o valor PSNR é obtido para um único componente.

A tabela 3.4 mostra que a memória de armazenamento é reduzida a uma grande quantidade. A PSNR é definida ao mesmo tempo como a potência relativa entre o sinal de pico e o valor do ruído infetado da imagem. Espera-se que a PSNR tenha um valor elevado. Espera-se que o BPP tenha um valor baixo. Como resultado, a memória de armazenamento é reduzida em grande medida. Aqui, os valores PSNR e BPP são obtidos como 30 dB e 1,5 BPP nos métodos existentes. Mas no nosso método BBC, o valor PSNR é melhorado para 48 dB e o valor BPP é reduzido para 1 BPP. Isto permite poupar mais de 75% de memória.

A figura 3.10 mostra a representação em gráfico de barras das técnicas existentes e do método proposto. A figura 3.11 mostra a conversão em formato binário ou ficheiro de texto (ficheiro Header) do Xilinx Platform Studio. Este ficheiro é criado para uma dada imagem de entrada. Assim, a imagem de entrada pode ter qualquer forma ou mostrar qualquer valor de pixel da imagem. A figura 3.12 mostra o Spartan 3 EDK sem porta conectada. Na figura 3.13, o ficheiro de conversão está ligado ao kit Spartan FPGA com componentes-chave como o oscilador, as portas série e paralela, o botão de reset e duas SRAM 256 × 256 × 16k. Aqui, podemos ligar as portas ligadas a JTAG e USB às portas de série. Depois de a ligação das portas estar definida para análise, o desempenho da abordagem proposta para a compressão de imagens baseada no algoritmo BBC é analisado em termos de porta, ciclos de relógio necessários, potência, taxa de processamento e tempo de processamento.

3.9.10 Análise de implementação e desempenho da plataforma Xilinx

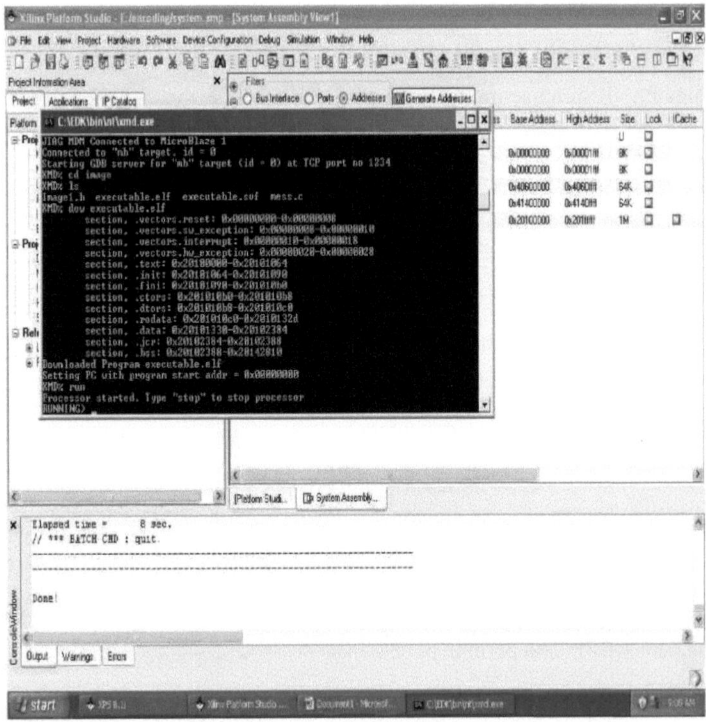

Figura 3.11 Xilinx Platform Studio

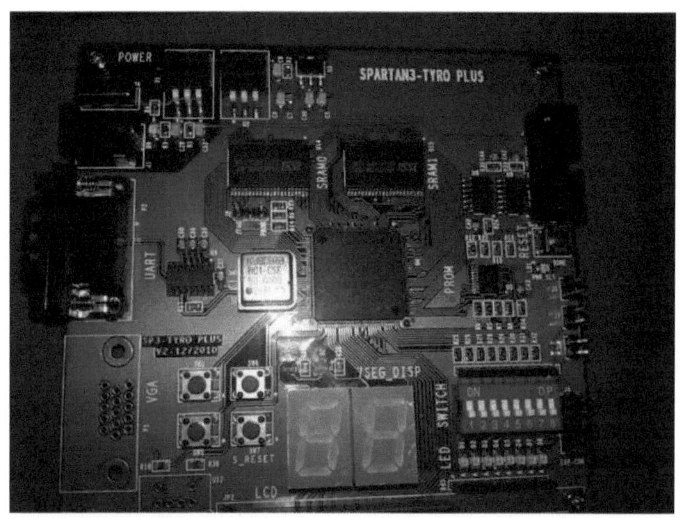

Figura 3.12 Spartan 3 EDK

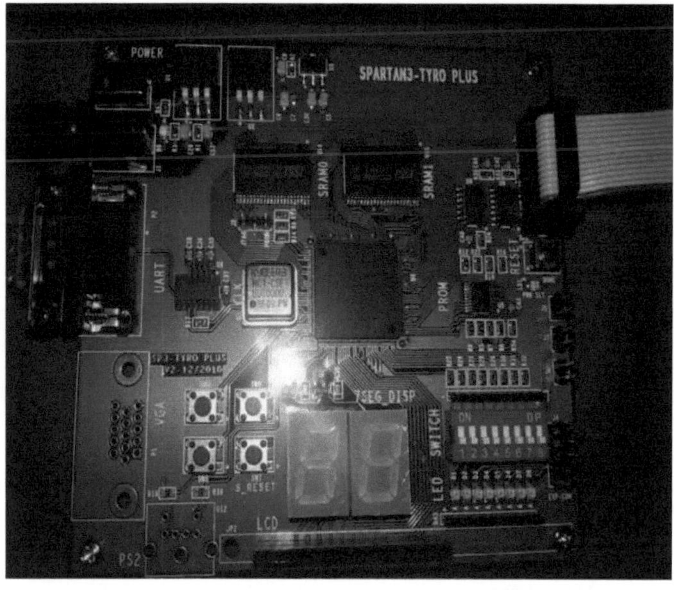

Figura 3.13 Spartan 3 EDK com portas conectadas

Esta divisão de implementação do kit baseada em simulação descreve a análise de desempenho da abordagem de compressão de imagem proposta com base no algoritmo BBC. Neste domínio, o quadro 3.5 descreve o resumo da conceção da unidade de identificação do CI, com os vários parâmetros utilizados e disponíveis e as percentagens utilizadas. Neste caso, efectuámos a análise do desempenho da arquitetura proposta com três imagens de tamanhos diferentes, 256 × 256, 512 × 512 e 1024 × 1024.

A Tabela 3.6 apresenta a tabela de especificações do kit Spartan 3 EDK com todos os passos envolvidos no processamento posterior. Aqui, informámos claramente toda a especificação, frequência de funcionamento, tempo de processamento, registos, detalhes de alimentação, utilização de dispositivos e parâmetros e, por fim, são indicados todos os valores medidos.

O desempenho da abordagem de compressão de imagem proposta é analisado com o tempo de processamento apresentado na Tabela 3.7. Quando o tamanho da imagem é alterado para um valor maior, cada módulo demora mais tempo a concluir o processo. No mesmo conceito, podemos analisar os diferentes tamanhos de imagem, que demoram tempos diferentes na unidade de segundos. Para além disso, o tempo de processamento necessário para concluir o processo não varia significativamente entre os diferentes módulos.

Quadro 3.5 Resumo da conceção da unidade de identificação IC

Particulars	Available	Used	Utilization
Number of 4 input LUTs	7,168	75	1%
Number of occupied slices	3,584	39	1%
Number of bonded I/Os	97	47	48%
Flip-Flops	28,672	2,194	7%
Number of Multi I/Os	16	1	6%
Number of Global clocks	8	1	11%

Quadro 3.6 Quadro de especificações

Sl. No	Contents	Specification
1	Processor	Micro Blaze(4.00a)
2	Power Supply	5V
3	Current	1-1.3A
4	Serial port	UART
5	Parallel Port	JTAG
6	Baud Rate	9600
7	SRAM	256 × 32k
8	Clock Frequency	50 MHz
9	Bit stream Time	5 sec
10	On chip Memory	8KB
11	Off chip Memory	1MB
12	Number of Registers	32 registers by 32 bit LUT RAM

A Tabela 3.8 mostra a análise de desempenho dos ciclos de relógio de imagens de vários tamanhos. O número de ciclos de relógio varia consoante o tamanho das imagens de entrada. Quando o tamanho da imagem de entrada é maior, a abordagem necessita de um maior número de ciclos de relógio para efetuar o processo. No entanto, na Tabela 3.9, que tem a potência como parâmetro, podemos ver que não há qualquer variação em função do tamanho da imagem ou do módulo. Assim, podemos concluir que a potência não varia consoante as imagens ou os tamanhos das imagens.

Da mesma forma, a taxa de processamento de cada módulo mostrada na Tabela 3.10 fornece resultados semelhantes. O número de portas necessárias para cada módulo da abordagem proposta é apresentado na Tabela 3.11, na qual identificamos que a necessidade de portas não varia com base no tamanho da imagem.

Tabela 3.7 Desempenho em termos de tempo de processamento

Image Size	Number of processing time Required (Seconds)			
	DCT Module	JPEG Module	WBC Module	Proposed BBC Algorithm
1024 × 1024	16.7772	16.7772	16.7772	16.7772
512 × 512	4.1943	4.1943	4.1943	4.1943
256 × 256	1.0486	1.0486	1.0486	1.0486

Tabela 3.8 Desempenho em termos de ciclos de relógio

Image Size	Number of clock cycles Required			
	DCT Module	JPEG Module	WBC Module	Proposed BBC Algorithm
1024 × 1024	1,67,77,216	1,67,77,216	1,67,77,216	1,67,77,216
512 × 512	41,94,304	41,94,304	41,94,304	41,94,304
256 × 256	10,48,576	10,48,576	10,48,576	10,48,576

Tabela 3.9 Desempenho em termos de potência

Image Size	Number of power Required			
	DCT Module (μW)	JPEG Module (μW)	WBC Module (μW)	Proposed BBC Algorithm (μW)
1024 × 1024	328	328	328	328
512 × 512	328	328	328	328
256 × 256	328	328	328	328

Tabela 3.10 Desempenho em termos de taxa de processamento

Image Size	Number of processing rate Required			
	DCT Module (cycles/pixels)	JPEG Module (cycles/pixels)	WBC Module (cycles/pixels)	Proposed BBC Algorithm (cycles/pixels)
1024 × 1024	11	11	11	11
512 × 512	11	11	11	11
256 × 256	11	11	11	11

Tabela 3.11 Desempenho em termos de portas lógicas

Image Size	Number of Logic Gates Required			
	DCT Module	JPEG Module	WBC Module	Proposed BBC Algorithm
1024 × 1024	302	560	500	362
512 × 512	302	560	500	362
256 × 256	302	560	500	362

A figura 3.14 mostra o gráfico de barras do método existente e do método proposto em termos de tempo de processamento. A figura 3.15 mostra o gráfico de barras que representa o número de ciclos de relógio necessários. A figura 3.16 mostra o gráfico de barras que representa o número de potência necessária. A figura 3.17 mostra o gráfico de barras que representa o número de taxas de processamento necessárias.

Tabela 3.12 Análise comparativa da abordagem de compressão de imagem proposta

Compression Scheme	DCT Module	JPEG Module	WBC Module	SPIHT	QTD	Haar Wavelet	Proposed BBC Algorithm
Compression Type	Lossy	Lossy	Lossy	Lossy	Lossy	Lossy	Lossless
Technology (µm)	0.5	0.6	0.5	0.5	0.35	0.35	0.35
Array Size	104 × 128	120 × 128	124 × 158	33 × 25	32 × 32	128 × 128	256 × 256
Processor Area (mm^2)	1.5	1.9	2.2	0.36	0.4	1.8	1.8
Power (mW/chip)	80	22.2	20.2	2.5	70	26.2	**12.2**
Post processing Requirement	Yes	Yes	No	No	No	No	No

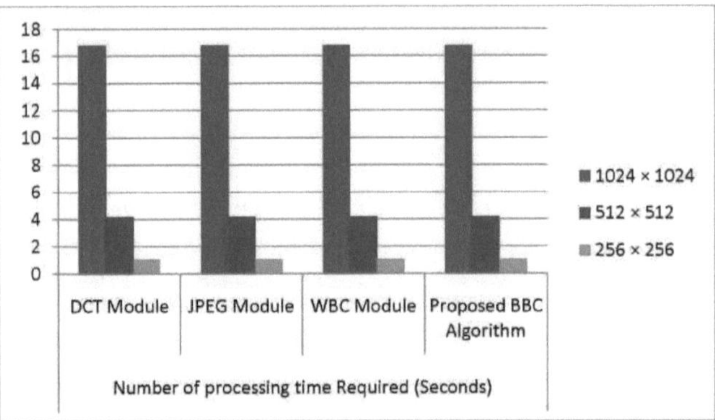

Figura 3.14 Gráfico de barras do desempenho em termos de tempo de processamento

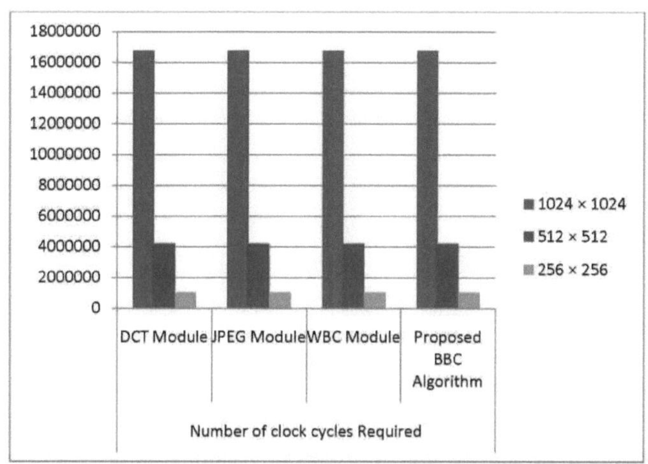

Figura 3.15 Gráfico de barras do número de ciclos de relógio necessários

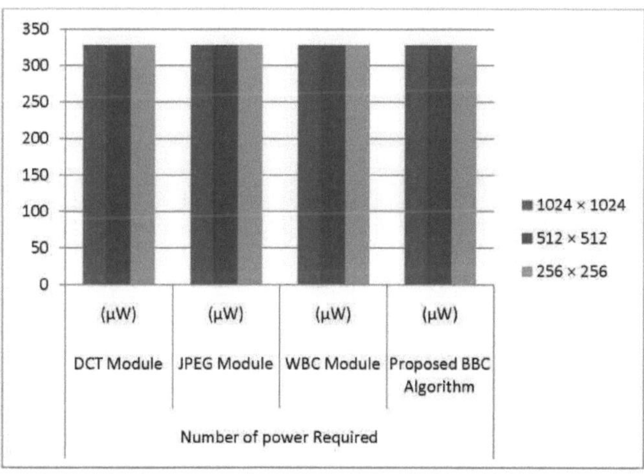

Figura 3.16 Gráfico de barras que representa o número de potências necessárias

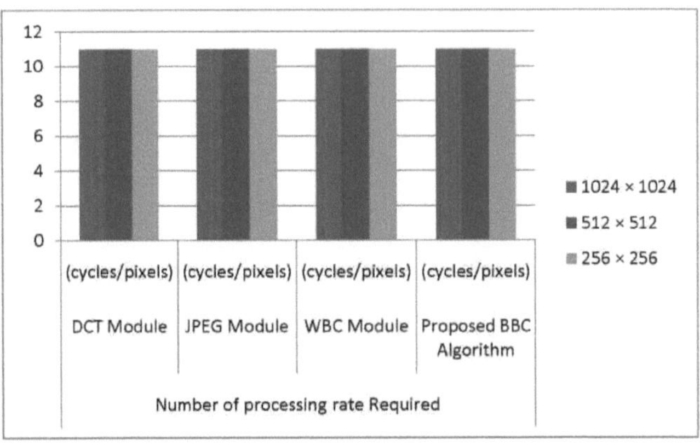

Figura 3.17 Gráfico de barras que representa o número de taxas de processamento necessárias

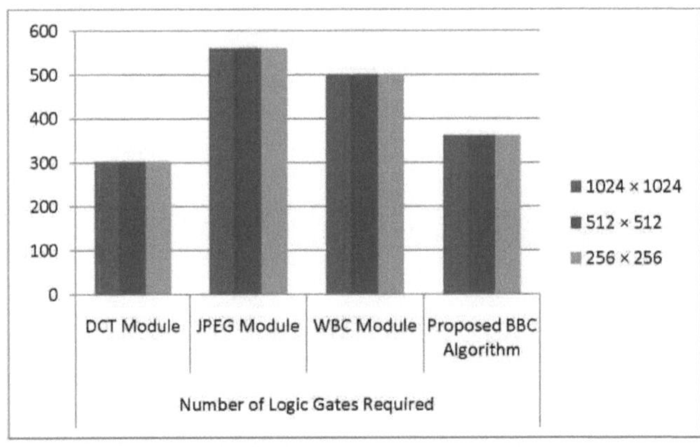

Figura 3.18 Gráfico de barras representando o número de portas lógicas necessárias

A Tabela 3.12 compara o desempenho da abordagem proposta apresentada neste módulo com as abordagens anteriores apresentadas na comparação dos diferentes algoritmos não é tão óbvia porque os diferentes algoritmos utilizaram diferentes concepções, requisitos, complexidades de circuitos, custos de processamento, qualidade e resoluções de imagem. De qualquer modo, apresentámos aqui o relatório comparativo das diferentes arquitecturas VLSI dos métodos de compressão utilizados. Além disso, acrescentámos os pormenores da nossa nova abordagem proposta para o novo algoritmo de compressão BBC, a fim de analisar moderadamente os desempenhos em vários parâmetros. São envidados mais esforços para a análise comparativa de vários parâmetros e, em seguida, são apresentados os valores. No entanto, a abordagem proposta concentra-se sobretudo na compressão. A partir da Tabela 3.12, o nosso trabalho parece melhor em termos de potência necessária para efetuar a compressão de imagens, em comparação com os métodos anteriores. Analisámos o desempenho de cada módulo utilizando parâmetros como a porta necessária, os ciclos de relógio necessários, a potência, a taxa de processamento e o tempo de processamento.

3.10 CONCLUSÃO E TRABALHO FUTURO

Assim, o esquema de codificação diferencial baseado no algoritmo BBC utiliza o tamanho compacto dos bits à medida que a gama ativa é comprimida. O algoritmo BBC é utilizado para remover a redundância espacial. A qualidade da imagem aumenta ainda mais e requer menos espaço de memória. Isto melhora o valor PSNR. O valor BPP é reduzido. Assim, o aumento do PSNR e a diminuição dos valores BPP resultarão numa melhor qualidade da imagem. Por fim, os módulos são programados por meio de Verilog e depois sintetizados com a ajuda do software HDL ativo. Analisámos o desempenho de cada módulo utilizando parâmetros como a porta necessária, os ciclos de relógio necessários, a potência, a taxa de processamento e o tempo de processamento. Além disso, efectuámos uma análise do desempenho da arquitetura proposta com três imagens de tamanhos diferentes (256 × 256, 512 × 512 e 1024 × 1024). A partir da análise comparativa de todos os módulos anteriores, concluímos que o método proposto oferece um bom desempenho em termos de eficiência energética correspondente a 12,2 mW/chip.

O âmbito futuro do módulo é que a qualidade da imagem pode ser melhorada com um valor PSNR elevado utilizando outras técnicas de compressão.

CAPÍTULO 4

IMPLEMENTAÇÃO FPGA DE COMPRESSÃO E RECUPERAÇÃO DE IMAGENS

4.1 INTRODUÇÃO

A norma fundamental da compressão de imagens ou de dados é a diminuição da dimensão e da informação que a representa, de modo a obter uma imagem comprimida. Numa imagem a cores, a representação é semelhante, exceto que, em cada posição da matriz, o número representa três cores primárias: vermelho, verde e azul. Na compressão de imagens, o espaço de armazenamento é importante porque menos espaço de memória significa menos tempo necessário para processar a imagem. A compressão de imagens torna-se ainda mais importante porque a transferência da imagem não comprimida requer mais espaço e largura de banda. Atualmente, os dados são transmitidos sob a forma de diferentes formatos de ficheiro, mas sem qualquer modificação para a transmissão, o que exige uma grande capacidade de armazenamento de ponta a ponta da rede. Para a transmissão de informações em ficheiros de grandes dimensões, dispomos de uma grande capacidade de armazenamento, mas se os dados forem comprimidos sob qualquer outra forma, é necessária uma capacidade de armazenamento e uma largura de banda reduzidas. Por conseguinte, para resolver esta dificuldade, é necessário comprimir os dados utilizando qualquer um dos algoritmos de compressão e enviá-los sem dificuldade. Assim, podemos facilmente transmitir dados de um sítio para outro sem qualquer dificuldade. Neste módulo, podemos utilizar o algoritmo DWT rápido e eficiente e o algoritmo de código SPHIT para a compressão de imagens sem perdas e a análise da implementação do kit FPGA.

Neste módulo, as ferramentas de hardware utilizadas são o processador dual core e o kit FPGA Spartan 3 EDK e, em seguida, as ferramentas de software são o sistema operativo Windows 7 e o kit de ferramentas é o MATLAB 7.8 e, finalmente, implementado no estúdio da plataforma Xilinx e obtendo a recuperação de saída em Visual Basic (VB).

4.2 MÉTODOS EXISTENTES

O esquema fundamental da transformada wavelet é caracterizado pela função wavelet mãe. Neste caso, a DCT é aplicada para comprimir a imagem e também são utilizadas a SVD e a compressão JPEG e MPEG. Na compressão de imagem baseada em wavelets, os codificadores proporcionam um progresso melhorado e os métodos existentes relacionados com este domínio são: SPIHT, EZW, transformada Wavelet, transformada de Fourier, DFT, JPEG, codificação baseada em DCT, que são os métodos antigos e têm muitas desvantagens, tais como a implementação complexa do hardware, o custo elevado e o consumo de energia muito elevado. Para ultrapassar este problema, é tido em conta o método proposto.

4.3 SISTEMA PROPOSTO

O sistema proposto neste módulo é de alto rendimento, com técnicas de modelo simples e eficientes em termos de memória. É proposto um esquema de compressão de imagens eficiente e rápido baseado em coeficientes com SPIHT. O SPIHT é uma técnica altamente eficiente para a compressão de imagens decompostas por DWT.

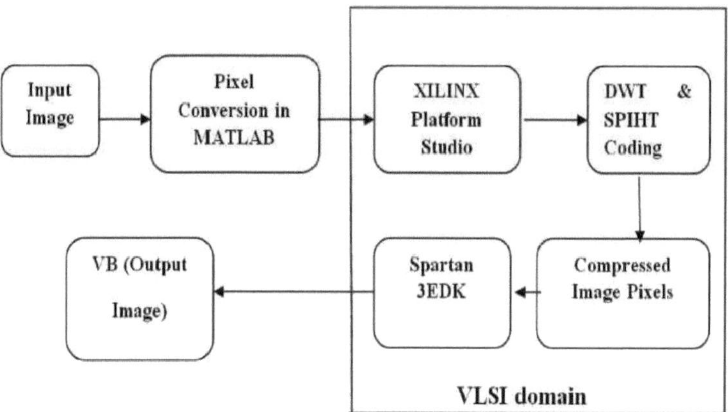

Figura 4.1 Diagrama de blocos do sistema

A figura 4.1 mostra o diagrama de blocos do sistema. Este inclui o processamento digital de imagens e o domínio VLSI. A conceção fundamental é que, utilizando os padrões de pixéis de uma imagem de entrada, a imagem de entrada é decomposta em quatro sub-bandas utilizando o algoritmo DWT. Em seguida, a imagem decomposta é comprimida utilizando o código SPIHT e transmitida e verificada com o ecrã VB. Geralmente, após a transformação, é difícil compreender o bordo da reconstrução da imagem se o rácio de bits for baixo, o que se designa por produto final de Gibbs. O método de codificação não pode ser aplicado diretamente e não é rentável. O desempenho da abordagem de compressão de imagem proposta é analisado em termos de porta, ciclos de relógio necessários, potência, taxa de processamento e tempo de processamento.

4.4 MOTIVAÇÃO

Os métodos existentes relacionados com este módulo são a transformada wavelet, a transformada DCT, a SVD, a compressão JPEG e MPEG. O FT é utilizado para medir o sinal no domínio do tempo e no domínio da frequência. Os métodos antigos existentes têm muitas desvantagens, como a implementação complexa em hardware, o custo elevado e o elevado consumo de energia. Para ultrapassar este problema, o método proposto é tido em conta.

O sistema proposto neste módulo é uma técnica de modelo simples e eficiente em termos de memória de alto rendimento. O SPIHT é uma técnica extremamente bem organizada para comprimir imagens decompostas por DWT. A figura 4.1 mostra o diagrama de blocos, que inclui tanto o processamento digital de imagens como o domínio VLSI. Aqui, a amostra da imagem fixa de entrada é convertida em conversão de ficheiro de pixéis utilizando o MATLAB. Assim, a conversão do ficheiro de pixels é aplicada no domínio VLSI. A imagem comprimida assim obtida é implementada utilizando o kit FPGA. O desempenho da abordagem de compressão de imagem proposta é analisado através de vários parâmetros.

4.5 OBJECTIVO DA APLICAÇÃO PROPOSTA

O objetivo da proposta de implementação FPGA da compressão e recuperação de imagens utilizando o sistema de código DWT e SPIHT é lidar principalmente com certas limitações. As limitações consistem em diminuir o tamanho da imagem sem perder a sua qualidade e em melhorar a escalabilidade da resolução e, em seguida, conceber um algoritmo de compressão de imagens de alta velocidade com base nestes módulos e obter uma implementação FPGA eficaz das imagens e, em seguida, analisar os vários parâmetros em conjunto no processamento de imagens e no VLSI. Finalmente, após os processos de análise dos parâmetros de implementação, a saída comprimida é calculada em visual basic para efeitos de visualização da imagem.

4.6 ALGORITMOS PARA CÓDIGO DWT E SPIHT BASEADO EM FPGA

4.6.1 Transformada Wavelet Discreta

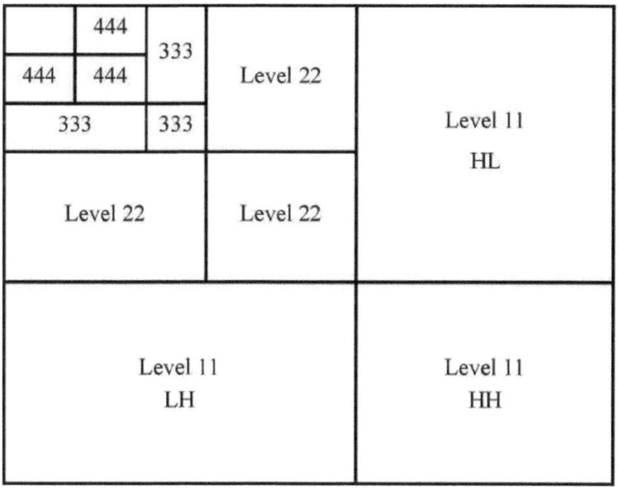

444
444 444
333
333 333
Level 22
Level 22
Level 22
Level 11
HL
Level 11
LH
Level 11
HH

Figura 4.2 Decomposição de imagens utilizando Wavelets

A DWT calcula os coeficientes de wavelet em todas as gamas possíveis e a localização é selecionada com potências de dois, pelo que o cálculo dos coeficientes de wavelet é bem organizado e, de momento, preciso. A forma padrão da decomposição wavelet 1D é apresentada na Figura 4.2. Aqui, a decomposição da imagem utilizando wavelet pode ser dividida em quatro partes com o processo LL, LH, HL, HH e, em seguida, LL indica 11 processos de redução adicionais. Aqui, um sinal é aceite do princípio ao fim por um filtro passa-baixo e passa-alto e, em seguida, o processo de nível é medido. A figura 4.3 representa as imagens de exemplo para a decomposição da imagem Lena utilizando a DWT nos métodos existentes.

(a) Imagem de exemplo - Lena (b) Após a aplicação da DWT de 1 nível

Figura 4.3 Imagens de exemplo para a decomposição da imagem Lena

4.6.2 Etapas do fluxo do algoritmo DWT

Em primeiro lugar, a transformada wavelet é aplicada às linhas da imagem e, em seguida, às colunas do processo de imagem. Assim, a imagem é decomposta em quatro quadrantes com estes passos de fluxo, tal como se descreve a seguir,

Para a secção LL: O quadrante superior esquerdo é constituído por todos os coeficientes, que foram filtrados pelo filtro passa-baixo da análise ao longo das colunas correspondentes com o filtro passa-baixo da análise novamente.

Para a secção HL/LH: Os blocos inferior esquerdo e superior direito foram filtrados ao longo dos blocos de linhas e colunas. O bloco LH contém limites verticais e os blocos HL mostram claramente os limites horizontais.

Para a secção HH: O quadrante inferior direito foi derivado de forma análoga ao quadrante superior esquerdo, através da utilização do filtro passa-alto de análise.

HL, LH, HH têm melhor CR com uma perda apreciável de informação.

4.6.3 Introdução dos algoritmos SPHIT

A transformada wavelet é funcional para uma imagem, o algoritmo principal funciona através da partição da imagem decomposta wavelet em partições importantes e não importantes. A compressão de imagem baseada nos algoritmos SPHIT consiste em dividir a imagem em quatro partes através de linhas e colunas. Existem quatro formas de dividir a imagem de entrada, como o método provável: LL (Low to low pass), LH (Low to high pass), HL (High to low pass) e HH (High to high pass).

Existem várias propriedades para o algoritmo SPHIT baseadas no esquema de escalabilidade de resolução múltipla com um valor PSNR normalmente elevado. O passo progressivo das propriedades é a técnica optimizada para a transmissão de imagens com um processo rápido de codificação e descodificação. Finalmente, pode ser utilizado para um esquema de imagem sem perdas para compressão e análise eficaz da proteção contra erros.

4.7 PLATAFORMA DE IMPLEMENTAÇÃO FPGA

4.7.1XILINX Platform Studio

A implementação do XPS é um IDE utilizado para desenvolver projectos de sistemas baseados no EDK. Os projectistas utilizam o XPS para organizar e reunir os requisitos de hardware dos seus sistemas incorporados. O XPS converte o requisito de plataforma do projetista numa explicação RTL sintetizável. A codificação VHDL é utilizada para escrever um conjunto de guiões para informatizar a implementação do sistema fixo a partir da RTL para o ficheiro de fluxo de bits. O XPS é uma janela GUI que o ajuda a identificar o seu sistema, ou seja, quais os processadores, blocos de memória e outros periféricos FPGA a utilizar e a forma como os diferentes periféricos estão ligados e, finalmente, o mapa de memória que contém os endereços dos periféricos de E/S mapeados na memória.

A XPS também faz a interface das ferramentas utilizadas ao longo de todo o fluxo de conceção. Para o efeito, são utilizados três componentes.

i. Processador Micro Blaze
ii. UART (porta série)
iii. Bloco de memória

A função 'printf' do C padrão gera bibliotecas enormes que não cabem na memória. Em vez disso, utilize Xil-printf. O Xil-printf é semelhante ao printf mas muito mais pequeno e carece de algumas funções que suportam vírgula flutuante.

4.7.2 Processo das ferramentas XPS

As etapas do processo XPS são as seguintes

i. Desenvolvimento do hardware do processador
ii. Geração de ficheiros de verificação
iii. Implementação do projeto
iv. Configuração do dispositivo

As janelas principais da XPS estão divididas em três áreas

i. Área de informação do projeto - separadores do catálogo IP do projeto
ii. Vista da montagem do sistema
iii. Janela da consola

Tem rótulos para identificar os seguintes domínios

i. Painel de conetividade
ii. Botões de visualização

iii. Painel de filtros

As ferramentas XPS são,

i. Ferramenta de criação de plataformas - PLATGEN
ii. Ferramenta de geração de modelos de simulação - SIMGEN

4.7.3 Visual Basic

O Visual Basic é uma linguagem de programação de formação de nível elevado e fácil de aprender. O VB é uma linguagem de programação visual que é feita num ambiente gráfico de visualização de imagens, porque os utilizadores podem clicar aleatoriamente num determinado objeto, pelo que cada objeto tem de ser programado separadamente para poder responder às acções individuais. A utilização do programa VB é composta por uma série de códigos de programas adicionais de forma independente. Existem três passos principais para criar uma aplicação em VB,

i. Criar a interface.
ii. Definir propriedades.
iii. Escrever o código.

4.7.4 Estrutura interna da FPGA

As FPGA iniciais não dispunham de memórias internas, mas atualmente todas as novas FPGA dispõem de memórias internas que permitem implementar muitas aplicações em tempo real. Em geral, as ilustrações dos blocos da estrutura interna da FPGA estão disponíveis para contar o número de barramentos de endereços divididos que vão para a RAM. Cada gestor tem um barramento de endereços dedicado e, além disso, cada gestor tem também um barramento de dados de leitura, um barramento de dados de escrita ou ambos. Se o utilizador tiver ambos os dados de informação, isso significa sempre que o gestor pode ler e escrever ao mesmo tempo. A escrita e a leitura na RAM são normalmente efectuadas de forma síncrona, mas podem também ser efectuadas de forma assíncrona. A Xilinx dispõe de um conjunto de flexibilidade na distribuição da RAM, uma vez que também permite utilizar as células lógicas.

4.7.5 Técnicas portuárias

As técnicas de portas estão envolvidas na interface entre o sistema e o kit FPGA. Há dois tipos de portas, como se verá a seguir. Um é a porta série e o outro é a porta paralela, como se pode ver na Figura 4.4 e na Figura 4.5.

Figura 4.4 Adaptador USB para série

Figura 4.5 Adaptador USB para Paralelo

A porta série é a ligação em série da técnica de porta de um terminal a outro terminal. O verdadeiro problema da porta série é a largura de banda e a limitação da ligação das portas. A porta de série é a mais lenta do grupo em comparação com a porta paralela. A ligação das portas paralelas é fácil e mais rápida do que a das portas de série. A desvantagem da porta paralela é o facto de necessitar de um número adicional de linhas de transmissão, pelo que só as portas paralelas não são utilizadas a longa distância. Normalmente, as portas de série têm duas linhas de dados. Uma é a linha de transmissão e a outra é a linha de receção.

4.7.6 Spartan 3 EDK

O kit Spartan 3 EDK é o kit de análise e visualização de parâmetros VLSI e a sua série Spartan de baixo custo é fabricada artificialmente com tecnologia avançada de desenvolvimento de processos. Para efeitos de visualização, a família FPGA Spartan 3E é oferecida e a descrição da plataforma estava à procura de projectos de portas lógicas ideais. O kit Spartan 3 EDK proporciona um local de visualização de controlo e progresso automático para a conceção de uma nova implementação do kit Spartan 3 FPGA a partir do software Xilinx. O kit Spartan 3 EDK é uma implementação de fácil utilização e as principais caraterísticas da ligação a bordo de dispositivos de entrada e saída tornam o local de visualização ideal para testar qualquer novo desenho baseado na compressão de imagem a partir de um circuito lógico digital simples. As caraterísticas principais e os pormenores do kit, bem como as ligações de software de apoio, são discutidos mais adiante.

4.7.6.1 Principais caraterísticas do Spartan 3 EDK

As principais caraterísticas do kit Spartan 3 EDK são geralmente os vários tipos de caraterísticas envolvidas.

i. 2 n.ºs de ecrãs de sete segmentos
ii. Interface de teclado de matriz de 2 × 2 n.ºs
iii. Cabo da porta de série RS 232
iv. 8 n.ºs de entradas digitais
v. 8 n.ºs de ecrã digital para saídas de LEDs
vi. Interface LCD de 2 × 16 caracteres
vii. Interface VGA (Video Graphics Array)
viii. Fonte de relógio oscilador de cristal de 50 MHz
ix. Ligação de bordo Serviço de reguladores de 5V, 3,3V, 1,2V

4.7.6.2 Benefícios do software de apoio

i. Suporta VHDL.

ii. Programação JTAG e depuração da ligação.

iii. Xilinx ISE e Xilinx EDK.

4.7.6.3 Detalhes do kit Spartan 3 EDK

i. Adaptador de alimentação e programador JTAG paralelo

ii. Ligação do cabo RS 232

iii. Dispositivos : XC3S200 (Spartan 3 FPGA)

iv. Relógio: cristal de bordo de 50MHz

4.8 RESULTADOS E DISCUSSÃO

A Figura 4.6 mostra a imagem de entrada que é pesquisada utilizando o ficheiro da janela GUI do MATLAB. Depois de navegar na imagem, clica-se na opção Criar ficheiro de cabeçalho. Aqui, podemos selecionar qualquer tamanho de imagem em qualquer formato de ficheiro. Se a imagem for uma imagem a cores baseada em RGB, é convertida em imagem de escala de cinzentos para os processos futuros. Nas figuras seguintes, explicamos todos os passos do processo de implementação do kit FPGA e, finalmente, podemos recuperar a imagem original utilizando o software VB.

A figura 4.7 mostra a imagem de entrada que é pesquisada e clica-se em criar ficheiro de cabeçalho para ver o ficheiro de cabeçalho para a imagem de entrada pesquisada acima. A figura 4.8 mostra o ficheiro de cabeçalho que é assim criado para a imagem de entrada dada. Também mostra os valores dos pixéis da imagem. A figura 4.9 mostra a criação do ficheiro de cabeçalho para efeitos de interconexão do kit FPGA e, em seguida, o valor deste ficheiro é enviado para o domínio FPGA através de um dispositivo de porta série. A figura 4.10 mostra a configuração do microprocessador Microblaze com o construtor de sistemas de base, que é utilizado para a conceção de sistemas incorporados.

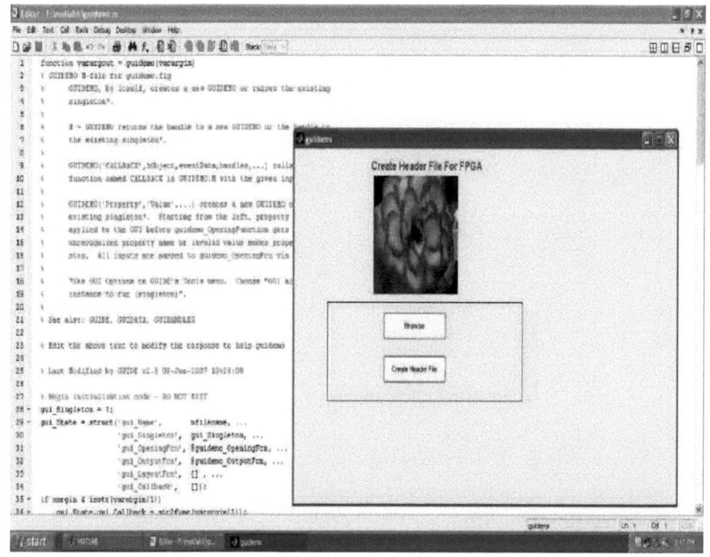

Figura 4.6 Navegação na imagem de entrada

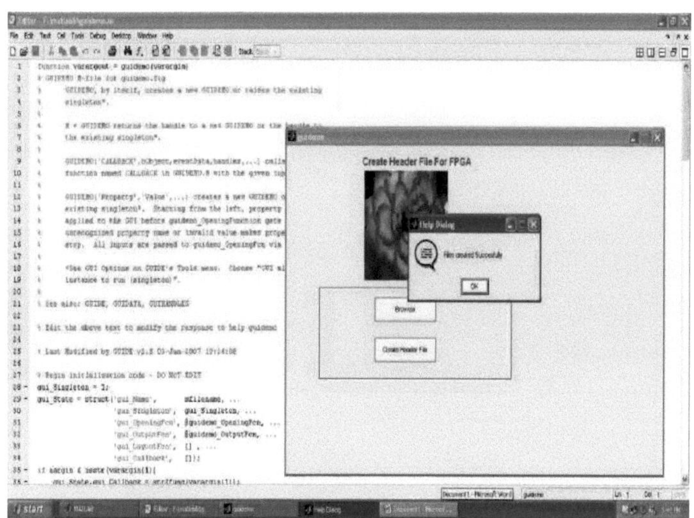

Figura 4.7 Criação do ficheiro de cabeçalho

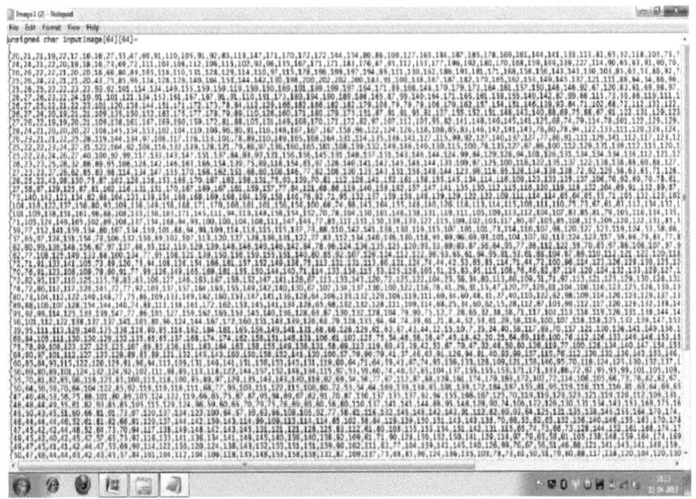

Figura 4.8 Ficheiro de cabeçalho

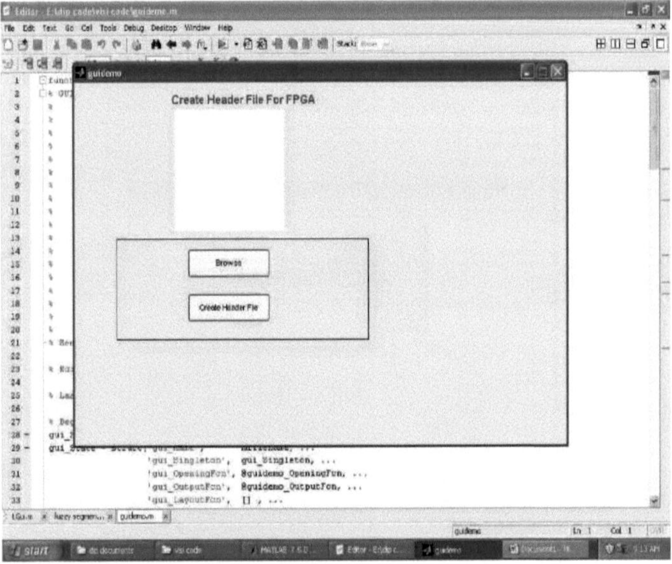

Figura 4.9 Criação de ficheiros de cabeçalho para FPGA

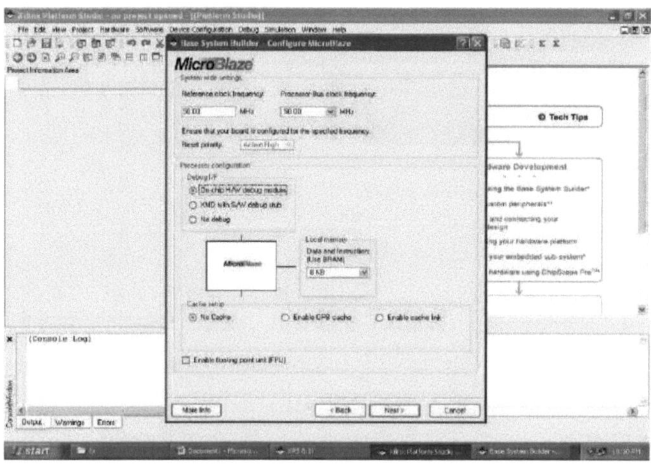

Figura 4.10 Configuração do Microblaze

A Figura 4.11 mostra a vista de estúdio da plataforma do kit de desenvolvimento incorporado. Nesta secção, foi criado um novo desenho. A Figura 4.12 mostra a representação baseada no construtor de sistemas de base com dispositivos Xilinx platform studio. Aqui temos o nome da placa de desenho e a secção. A Figura 4.13 mostra a imagem instantânea do Microblaze 32 bit platform studio. Neste Microblaze há um dispositivo de 32 bits e nesta secção podemos medir o dispositivo, o pacote e o grau de velocidade do dispositivo.

A Figura 4.14 mostra a instrução de dados de configuração do microblaze com o dispositivo. Neste caso, medimos a frequência do relógio de referência e a frequência do relógio do barramento do processador. Aqui, o valor da frequência é de 50 MHz e também está selecionado o modo de módulo de depuração de hardware onchip de interligação. A Figura 4.15 mostra a configuração do dispositivo de interface de entrada e saída (E/S). Aqui, podemos selecionar o cabo técnico da porta série e também selecionar o valor da taxa de transmissão e os valores da taxa de dados são medidos. A figura 4.16 mostra a configuração da interface de E/S adicional para a nova folha de dados e também podemos selecionar o dispositivo periférico.

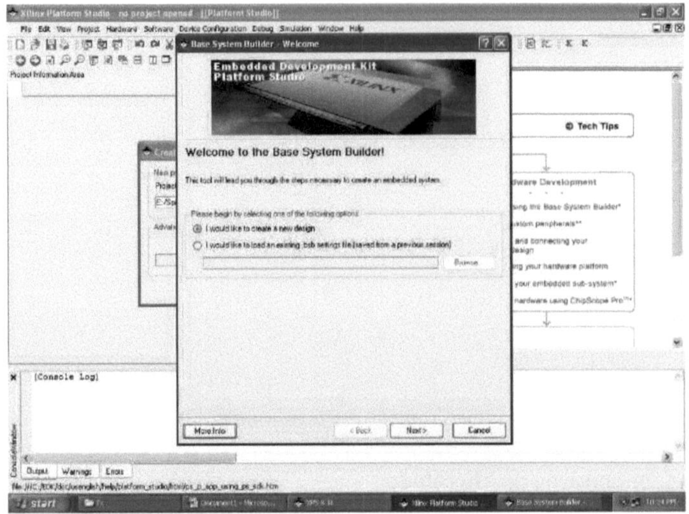

Figura 4.11 Estúdio da plataforma do kit de desenvolvimento incorporado

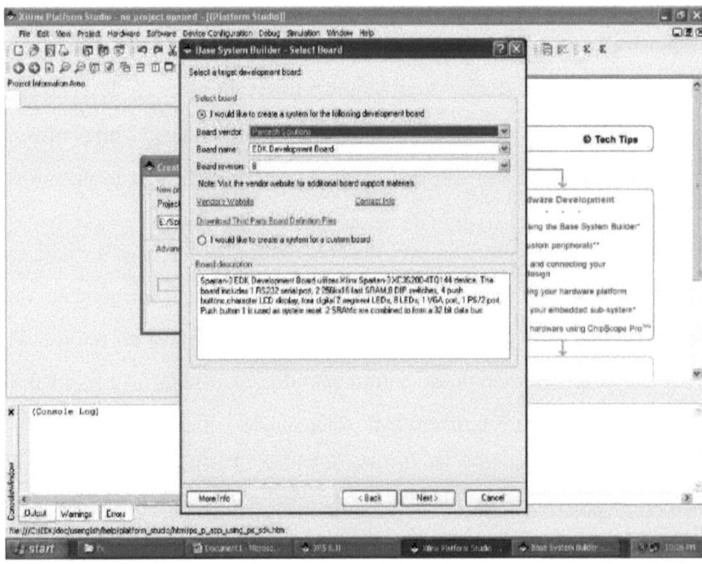

Figura 4.12 Xilinx Platform Studio

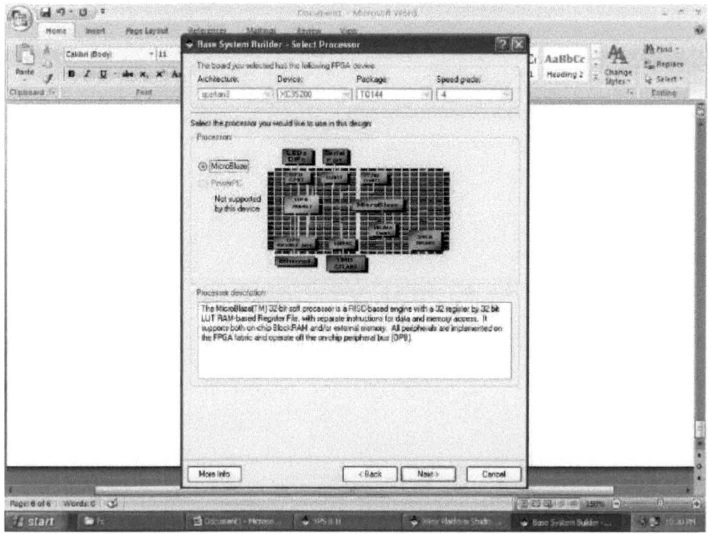

Figura 4.13 Microblaze 32 bit Platform Studio

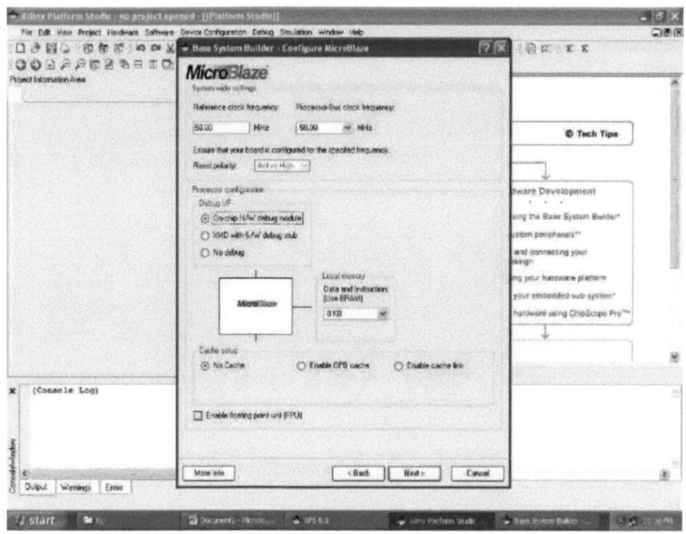

Figura 4.14 Instrução de dados de configuração Microblaze

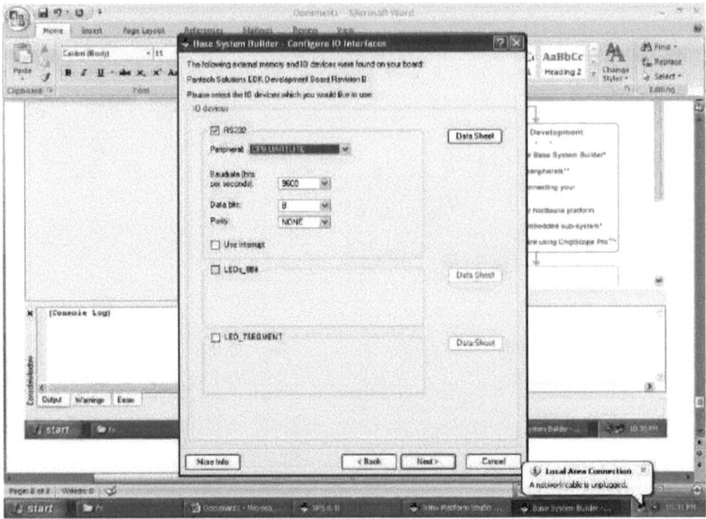

Figura 4.15 Interface de E/S de configuração

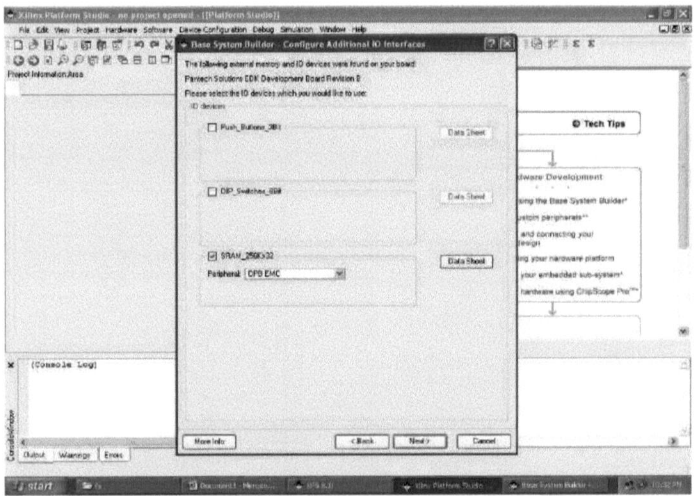

Figura 4.16 Configurar interface de E/S adicional

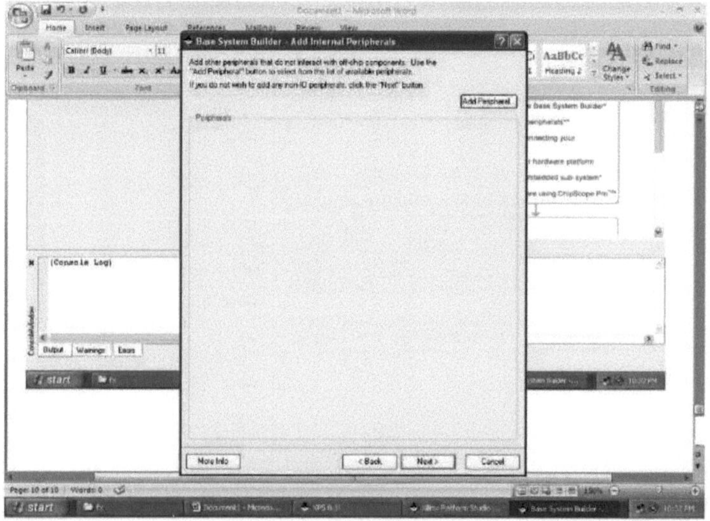

Figura 4.17 Adicionar periférico interno

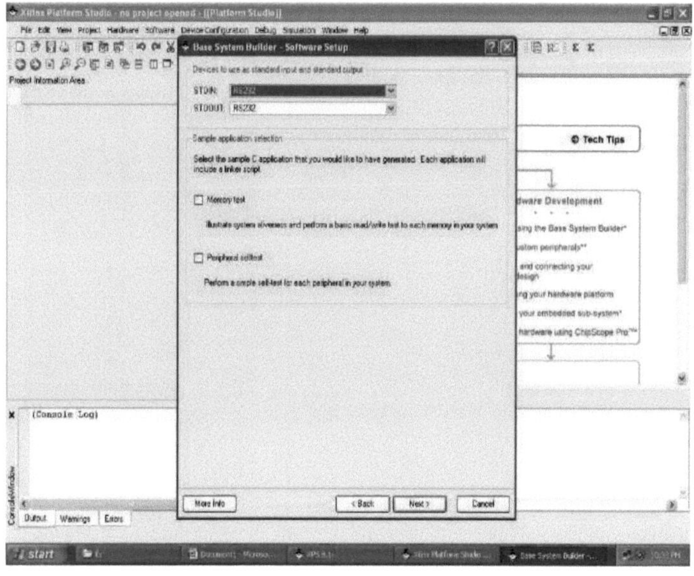

Figura 4.18 Selecionar o cabo de interface

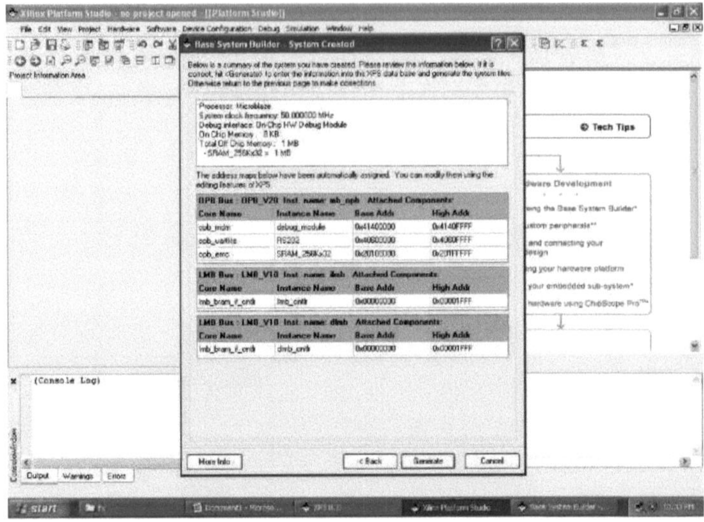

Figura 4.19 Configuração da criação do sistema

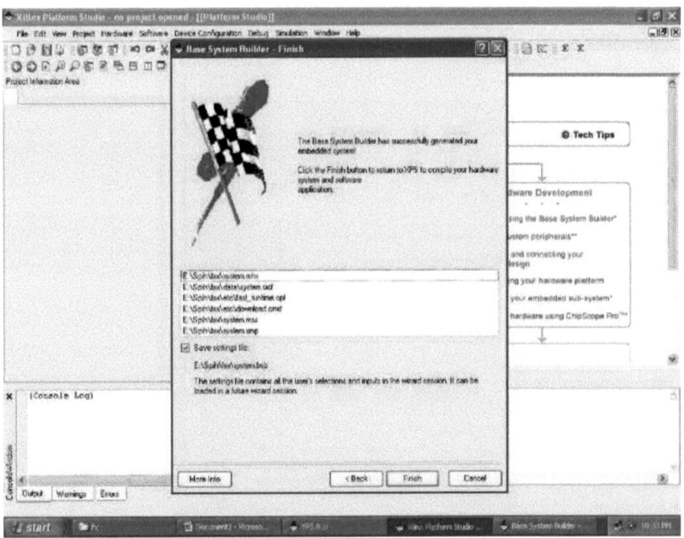

Figura 4.20 Construtor do sistema de base criado

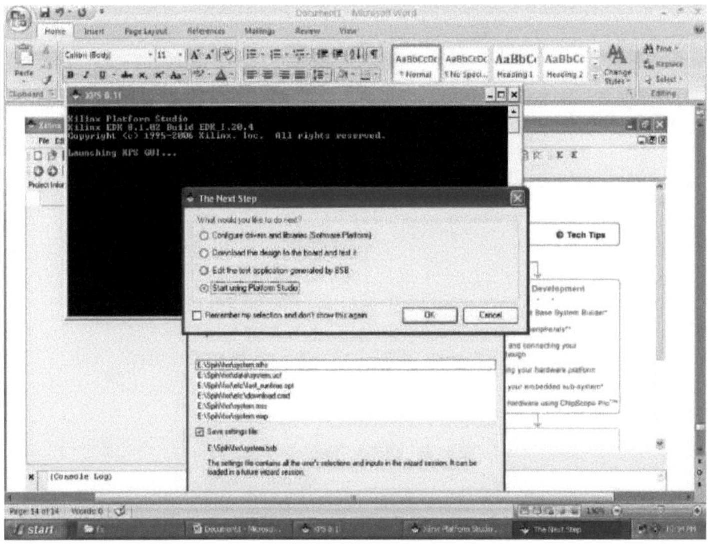

Figura 4.21 Começar a utilizar o Platform studio

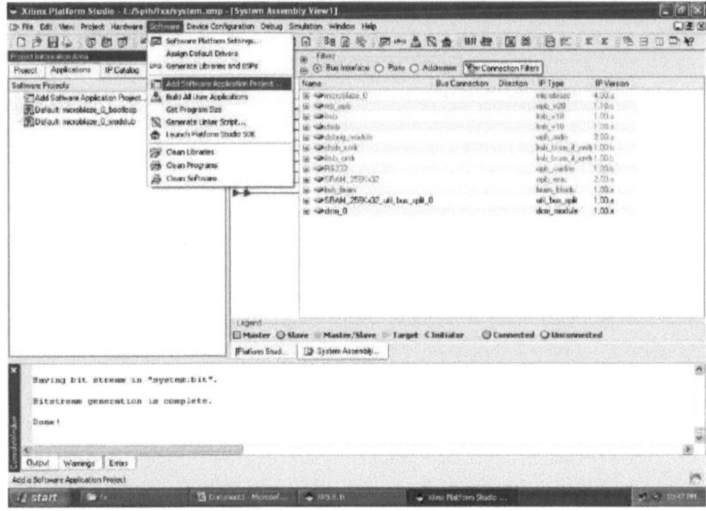

Figura 4.22 A geração do fluxo de bits é criada e a aplicação de software é adicionada ao projeto

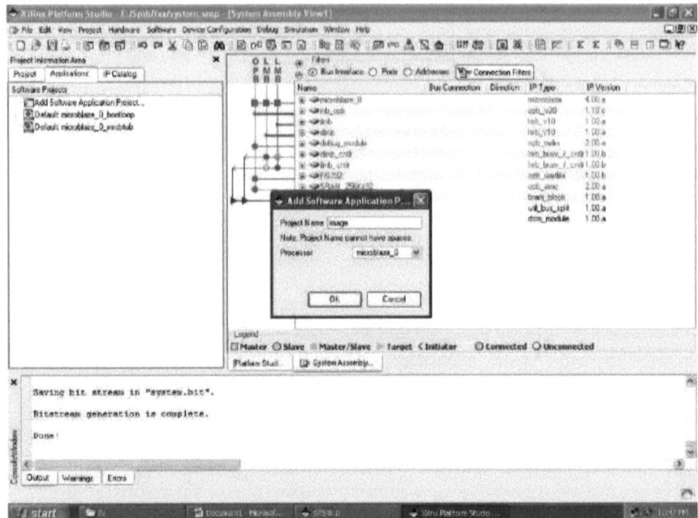

Figura 4.23 Adicionar aplicação de software

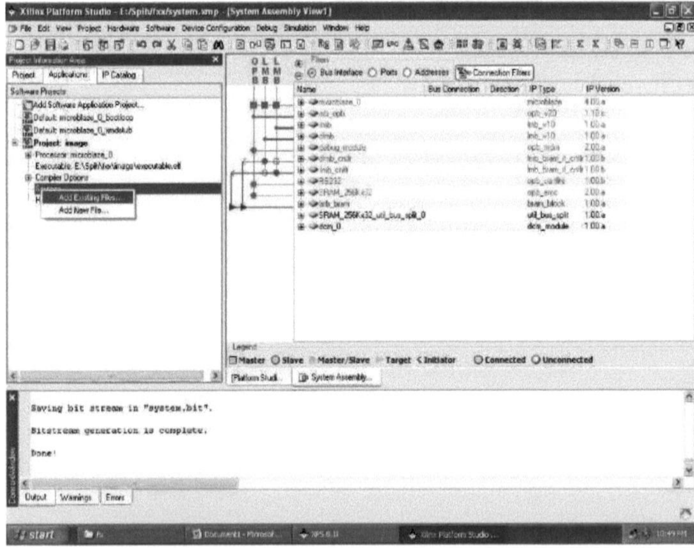

Figura 4.24 Vista da montagem do sistema para adicionar um novo ficheiro

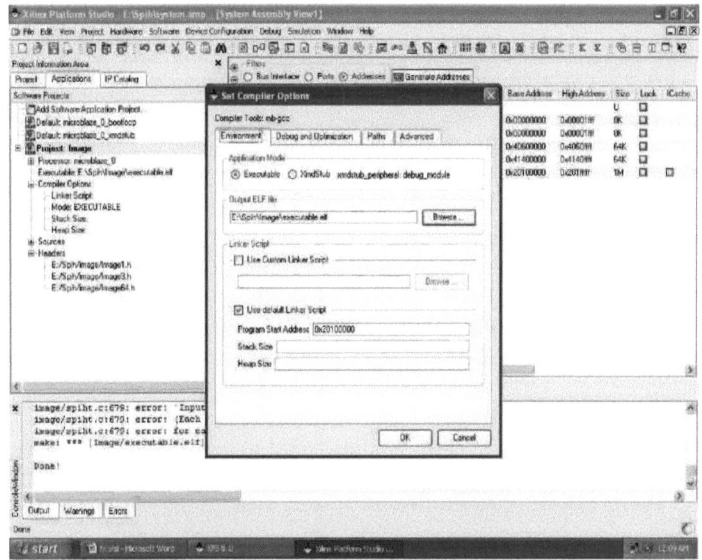

Figura 4.25 Para definir a opção do compilador

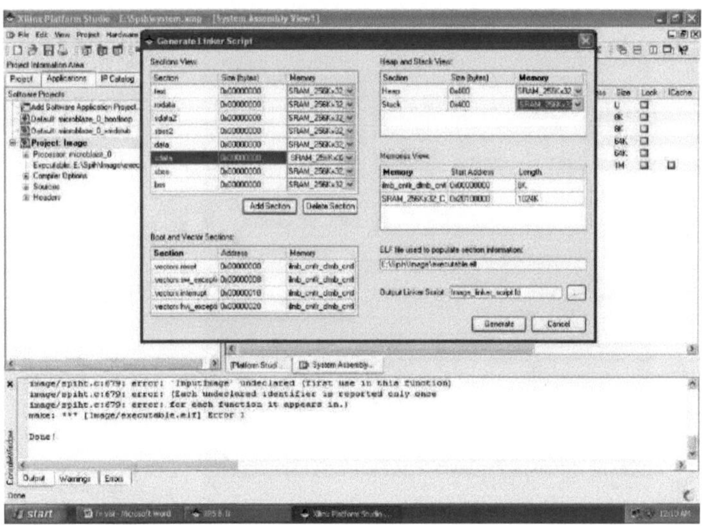

Figura 4.26 Gerar script de ligação e adicionar valor de pixel

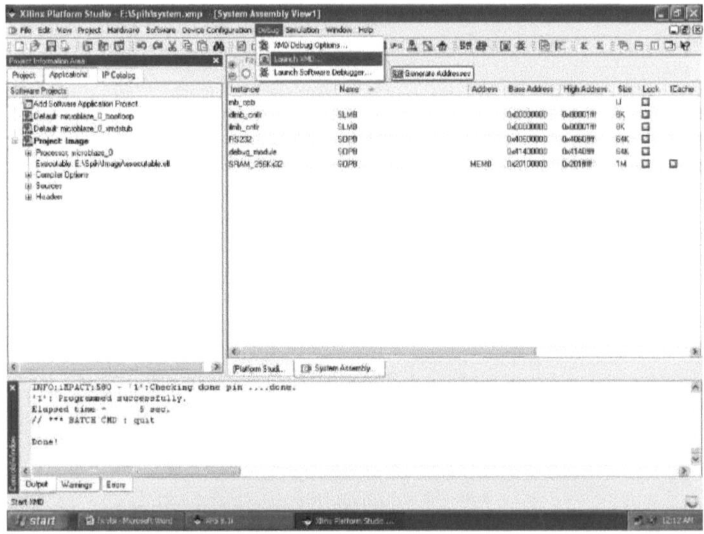

Figura 4.27 Vista da montagem do sistema

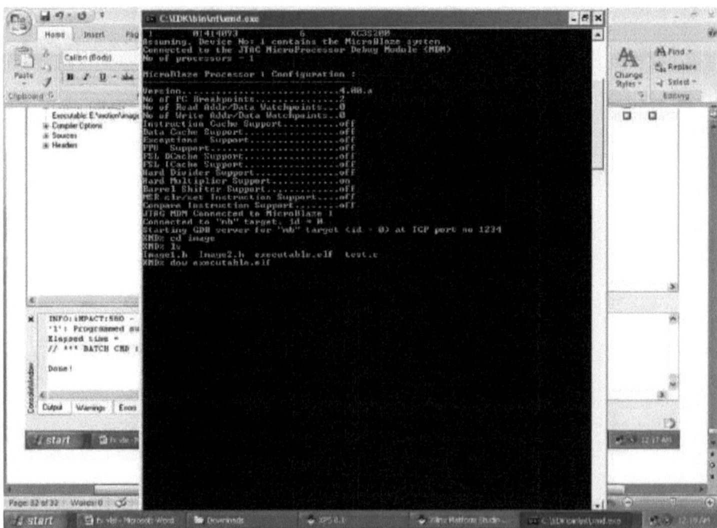

Figura 4.28 Janela de comando

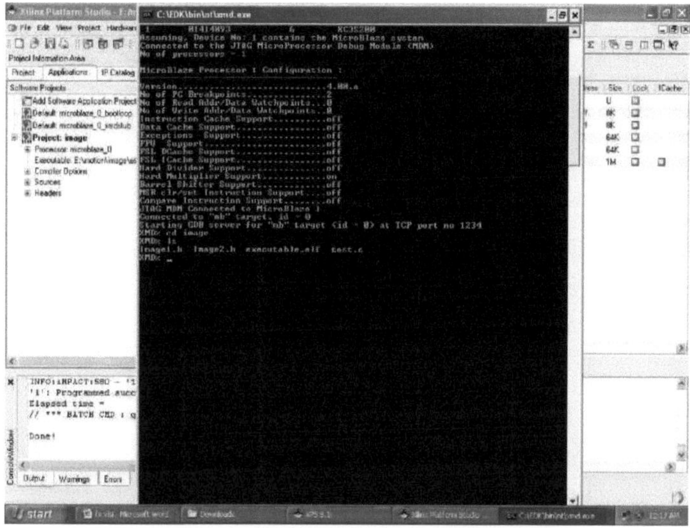

Figura 4.29 Configuração da janela de comando do Microblaze

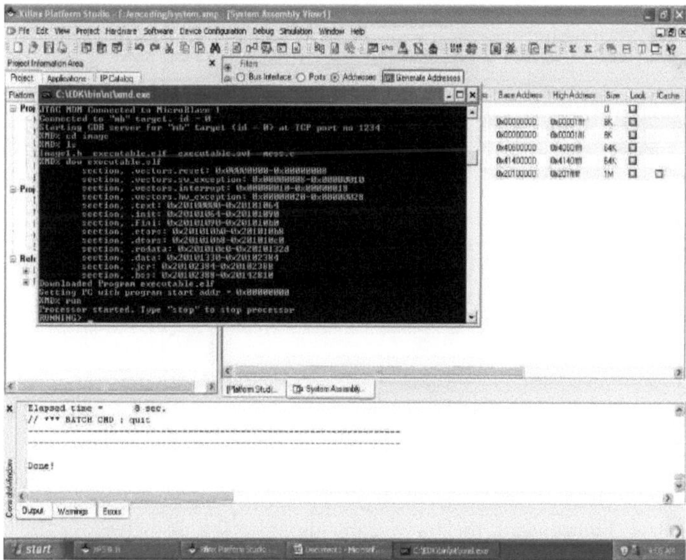

Figura 4.30 Xilinx Platform Studio

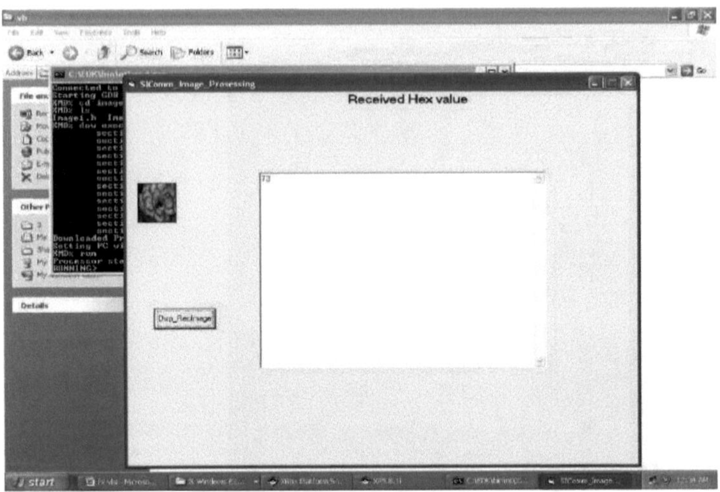

Figura 4.31 Imagem de cobertura em VB

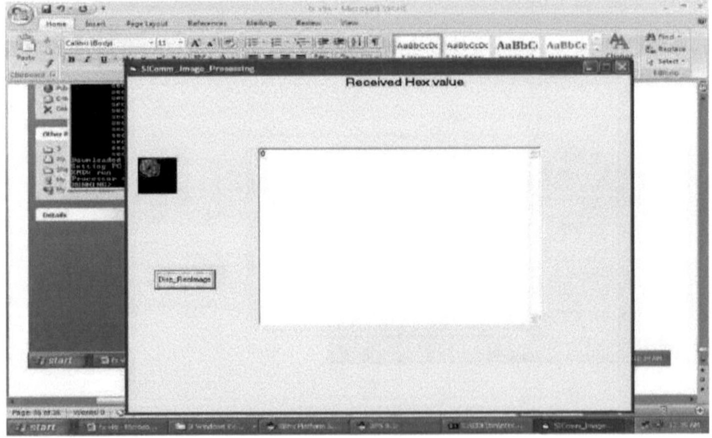

Figura 4.32 Imagem de saída comprimida

A figura 4.17 mostra as janelas periféricas internas adicionais para a configuração. A Figura 4.18 mostra o cabo de interface de seleção para a interligação dos módulos com o objetivo de medir o valor dos parâmetros e também aqui com a seleção dos valores de configuração do sistema. Figura 4.19

4.19 mostra a configuração de criação do sistema. Esta secção mostra o resumo da base de dados XPS e as normas de limitação da recolha no chip e fora do chip e também medimos a frequência do relógio do sistema. A Figura 4.20 mostra a janela Base system builder criada com sucesso e, em seguida, termina o sistema base bulder.

A Figura 4.21 mostra o início da utilização do Xilinx Platform studio. Neste caso, ligámos um novo lançamento do Xilinx EDK 8.1.02 e começámos a utilizar o próximo Platform Studio. A figura 4.22 mostra que a geração do fluxo de bits é criada e que se adiciona a caixa de ferramentas de software para acrescentar a aplicação ao projeto. Depois de guardar o ficheiro em "system.bit", a geração do fluxo de bits fica concluída. A figura 4.23 mostra a aplicação de software adicionada aos projectos. Este módulo é utilizado para fornecer um ficheiro de entrada para qualquer tipo de imagem e, em seguida, selecionar a aplicação do processador. A Figura 4.24 mostra a vista da montagem do sistema para adicionar um novo ficheiro. Após a adição de um novo ficheiro, executa-se o sistema micro blaze. Aqui, podemos medir a vista de montagem do sistema com todos os pormenores.

A Figura 4.25 mostra o conjunto de opções do compilador para todos os valores de configuração e os detalhes do ambiente do modo executável e também seleciona os detalhes de depuração e otimização. Aqui, podemos selecionar o caminho de gravação e o caminho do endereço executável e também medir o caminho de saída. A Figura 4.26 mostra a ligação do script do gerador de ligação e a adição do valor de pixel de todo o valor de pixel do ficheiro de cabeçalho. Aqui, com a adição do valor de pixel de cada tamanho da imagem e do endereço de memória, estão a ser adicionados e medidos os valores inteiros. Aqui, também podemos selecionar a ligação executável de saída.

A Figura 4.27 mostra a vista de montagem do sistema que apresenta as interfaces de barramento e as suas ligações. Depois de descarregar o fluxo de bits, descarregamos a aplicação utilizando o depurador XMD no XPS. Agora, a placa FPGA está pronta para comunicar através da ligação por cabo RS 232 e o ficheiro descarregado foi programado com êxito, o tempo decorrido é de 5 segundos.

A Figura 4.28 mostra a janela de comando que é utilizada para descarregar o programa no kit FPGA. Aqui o ficheiro de comando é guardado como xmd.exe e podemos ver que todos os detalhes dos dados de configuração são medidos nesta janela. A Figura 4.29 mostra a configuração microblaze dos detalhes da janela de comando e a imagem do projeto executável e os detalhes da configuração do processador são medidos.

A Figura 4.30 mostra o Xilinx platform studio com a janela de comando, onde XMD% run é o processador de execução iniciado e também medimos o valor do processador dos detalhes executáveis da janela de comando. Depois, finalmente, são apresentados os detalhes do processador de paragem para paragem. Aqui também se discutem e medem os pormenores do endereço de base e do endereço elevado. Por fim, todo o processador está concluído. A figura 4.31 mostra a imagem de entrada que é visualizada como imagem de cobertura sob a forma de escala de cinzentos no ecrã Visual Basic e a figura 4.32 mostra a saída final da imagem de saída comprimida em VB. Esta pode ser visualizada em qualquer sub-banda, de acordo com o código. Todos os pormenores da imagem comprimida são medidos na saída em VB.

Quadro 4.1 Quadro de especificações

Sl. No	Contents	Specification
1	Processor	Micro Blaze(4.00a)
2	Power Supply	5 V
3	Current	1-1.3 A
4	Serial port	UART
5	Parallel Port	JTAG
6	Baud Rate	9600
7	SRAM	256 × 32k
8	Clock Frequency	50 MHz
9	Bit stream Time	5 sec
10	On chip Memory	8 KB
11	Off chip Memory	1 MB
12	Number of Registers	32 registers by 32 bit LUT RAM

Quadro 4.2 Resumo da conceção da unidade de identificação IC

Particulars	Available	Used	Utilization
Number of 4 input LUTs	28,672	4,037	14%
Number of occupied slices	14,336	3,274	22%
Number of bonded I/Os	484	81	14%
Flip-Flops	28,672	5,520	19%
Number of Multi I/Os	16	1	6%
Number of Baud rate bit	9,600	8	1%
Number of Global clocks	8	1	11%

Tabela 4.3 Análise do parâmetro de processamento de imagem

Sl. No	Parameter	Range/ Values
1	Image size	512 × 512
2	Compression Type	Lossless
3	Compression Algorithm	FPGA based DWT & SPIHT code algorithm
4	Pixel Block Size	4 × 4
5	CR	4
6	BPP	1
7	PSNR values	40
8	MSE	0

Assim, a implementação FPGA da compressão e recuperação de imagens

utilizando o algoritmo de código DWT e SPIHT, descreveu o desempenho dos parâmetros de compressão de imagem. Neste domínio, a Tabela 4.1 mostra a tabela de especificações da implementação FPGA com os conteúdos variáveis. O quadro 4.2 descreve o resumo da conceção da unidade de identificação IC dos vários parâmetros utilizados e disponíveis e as percentagens utilizadas são indicadas. O desempenho da abordagem de compressão de imagem proposta é analisado, o parâmetro de processamento de imagem na Tabela 4.3 e analisado o parâmetro

VLSI na Tabela 4.4. No parâmetro de processamento da imagem, analisamos vários parâmetros, como o algoritmo de compressão, o tamanho da imagem, o CR, o BPP, o MSE e o tamanho do bloco de pixéis. Os parâmetros VLSI, como os ciclos de relógio necessários, a taxa de processamento, a potência, o tempo de processamento, o tamanho da matriz e a área do processador, são analisados. Quando o tamanho da imagem é alterado para um valor maior, cada módulo demora mais tempo a concluir o processo. No mesmo conceito, podemos analisar os diferentes tamanhos de imagem, que demoram tempos diferentes na unidade de segundos. O número de ciclos de relógio varia consoante o tamanho das imagens de entrada. Quando o tamanho da imagem de entrada é maior, a abordagem necessita de um maior número de ciclos de relógio para executar o processo. Mas a potência não varia consoante as imagens ou os tamanhos das imagens. Do mesmo modo, a taxa de processamento de cada módulo fornece resultados semelhantes.

Tabela 4.4 Análise do parâmetro VLSI

Sl. No	Parameter	Range/ Values
1	Number of processing time in Seconds	4.19
2	Performance in terms of clock cycles.	41,94,304
3	Performance in terms of power	328μW
4	Performance in terms of processing rate	11 cycles / pixels
5	Performance in terms of logic gates	41,94,304
6	Technology	0.5 μm
7	Array Size	512 × 512
8	Processor Area	0.36 mm^2
9	Number of Baud rate bit	9,600
10	Post processing Requirement	No

4.9 CONCLUSÃO E TRABALHO FUTURO

O algoritmo SPIHT foi apresentado como aquele que opera através de SPIHT e realiza completamente a codificação de domínio VLSI. A realização deste princípio correspondente ao algoritmo de codificação e descodificação é nova e mostra-se mais eficaz do que a implementação valiosa do algoritmo EZW.

Os resultados deste algoritmo de codificação, com a sua rápida execução, são tão impressionantes que são utilizados para normalização em futuros sistemas de compressão de imagem. Finalmente, e tanto quanto sabemos, o algoritmo de codificação DWT e SPIHT é o primeiro esquema de implementação e recuperação proposto no processamento de imagens. Em termos de velocidade de processamento e de memória, atinge um desempenho muito elevado.

Os futuros melhoramentos deste módulo reduzirão ainda mais o tamanho da imagem utilizando outra técnica de compressão de imagem e implementarão a análise ao nível do kit.

CAPÍTULO 5

COMPRESSÃO E DESCOMPRESSÃO RÁPIDA E EFICIENTE DE IMAGENS DE SATÉLITE

5.1 INTRODUÇÃO

Não foi há mais de um século e meio que surgiram as redes de comunicação. As comunicações digitais só surgiram na primeira metade deste século. As invenções das tecnologias LSI e VLSI conduziram a um rápido desenvolvimento do sistema de comunicação digital. Quando a transmissão de dados de imagens digitais aumenta, a precisão da comunicação pode diminuir, exigindo mais largura de banda. Na maioria dos sistemas, a quantidade crescente de informação que o utilizador deseja comunicar ou armazenar necessita de alguma forma de compressão para uma utilização eficiente e fiável do sistema de comunicação ou de armazenamento.

A quantidade de dados relacionados com a sequência de informações visuais é tão grande que o seu armazenamento exigiria uma capacidade de armazenamento maciça. As técnicas de compressão de dados estão preocupadas com a diminuição do número de bits necessários para armazenar e transmitir dados sem qualquer perda considerável de informação. As aplicações de transmissão de dados consistem na transmissão televisiva de informações de um local para outro ou da origem para o destino com um débito elevado.

Uma classificação alargada da compressão de dados é a compressão de imagens. Uma imagem de TV digital com uma resolução de 512 × 512 pixéis por fotograma e 24 fotogramas por segundo requer cerca de 50 MHz de canal BW. Este valor aumenta para 150 MHz para imagens a cores com 24 BPP. Mas apenas 7 MHz de largura de banda são suficientes quando é utilizada a comunicação analógica. Assim, as técnicas de compressão de imagem são utilizadas para reduzir a largura de banda, através da redução efectiva da taxa de bits. O objetivo da compressão de dados consiste em reduzir o tamanho dos dados e, ao mesmo tempo, conservar a informação essencial. Estes dados reduzidos são designados por dados comprimidos e são utilizados para reconstruir os dados e reduzir o número de bytes necessários para representar a informação.

A codificação por zona de amplitude e tempo (AZTEC) utiliza aproximações poligonais parciais com descontinuidades perturbadoras e não produz uma aproximação suave e agradável e, em seguida, a modulação por código de impulsos diferencial (DPCM) pode atingir uma qualidade superior e uma compressão inferior, mas não remove automaticamente o ruído. Por último, as Transformadas Discretas de Cosseno (DCT) necessitam de uma taxa de dados muito mais elevada. Estes problemas são ultrapassados pela técnica de transformação wavelet proposta. Neste módulo, as ferramentas de hardware são o processador dual core e as ferramentas de software são o sistema operativo Windows 7 e o kit de ferramentas é o MATLAB 7.8.

5.2 MÉTODOS EXISTENTES

5.2.1 Modelo do sistema de compressão

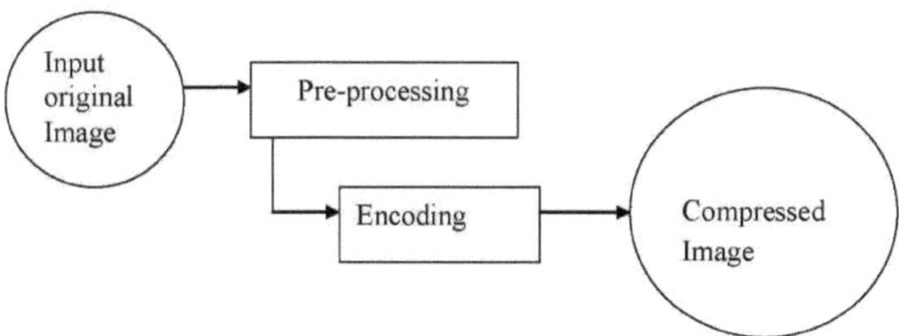

Figura 5.1 Modelo do sistema de compressão

O conceito básico do modelo do sistema de compressão consiste na imagem de entrada, que é dividida numa fase de pré-processamento e numa fase de codificação, para a imagem comprimida, enquanto o modelo do sistema de descompressão consiste numa fase de pós-processamento e descodificação, como se mostra na Figura 5.1 e na Figura 5.2.

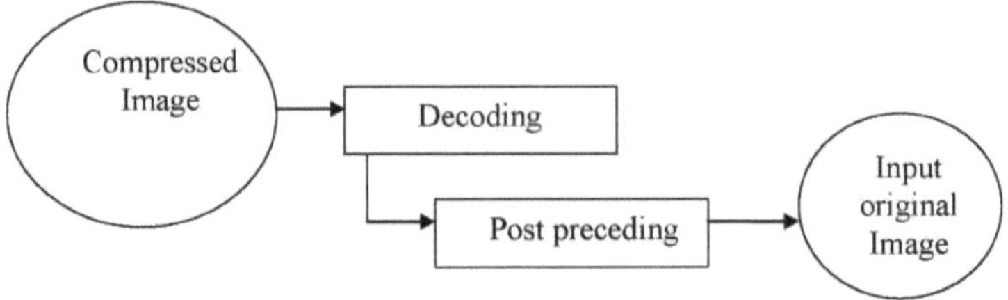

Figura 5.2 Modelo do sistema de descompressão

5.2.2 Compressão

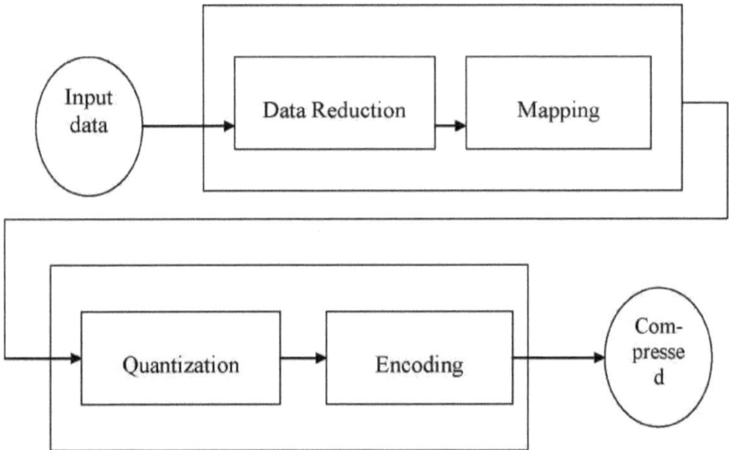

Figura 5.3 Compressão

A figura 5.3 mostra o conceito básico existente do processo de compressão da imagem original para a imagem comprimida num fluxo passo a passo. A primeira fase da conversão é a redução dos dados. Aqui, a informação dos dados da imagem pode ser reduzida para informação de nível de cinzento. A segunda fase do processamento é constituída por técnicas de mapeamento. Aqui, a informação de dados da imagem original é mapeada para a informação de dados da imagem comprimida. O algoritmo de compressão pode consistir em duas ou mais fases de processamento. A fase seguinte do processamento é a quantização, que é utilizada para organizar os dados por ordem sequencial. A última fase do processamento são as técnicas de codificação. Utilizando este processo de codificação, os dados organizados são comprimidos de forma sequencial.

5.2.3 Descompressão

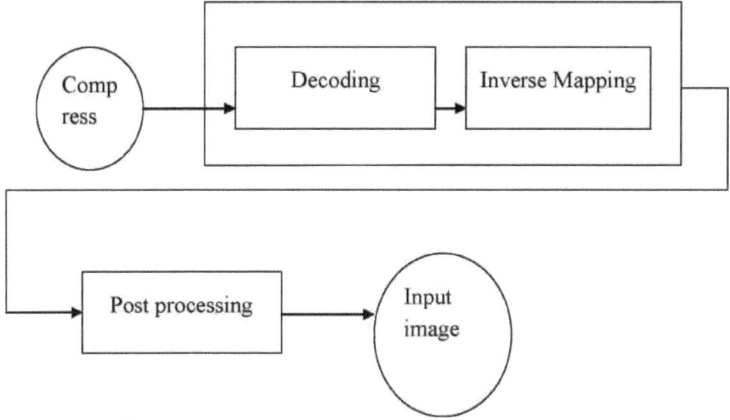

Figura 5.4 Descompressão

O pós-processamento da descompressão pode ser dividido em fases, como se mostra na Figura 5.4. Aqui, a imagem comprimida é convertida no processo de descodificação. Primeiro, a fase de descodificação leva a imagem comprimida para o mapeamento inverso do processo. Aqui, o processo de mapeamento inverso é utilizado para mapear os dados da imagem comprimida para os dados da imagem original. Depois, aplica-se a fase de pós-processamento do mapeamento inverso. Aqui, a imagem original é invertida através do mapeamento inverso e dos valores de quantização inversos, obtendo-se finalmente a imagem original final ou a imagem descodificada.

5. 3SISTEMA PROPOSTO

5.3. 1Fluxograma de compressão/decomposição

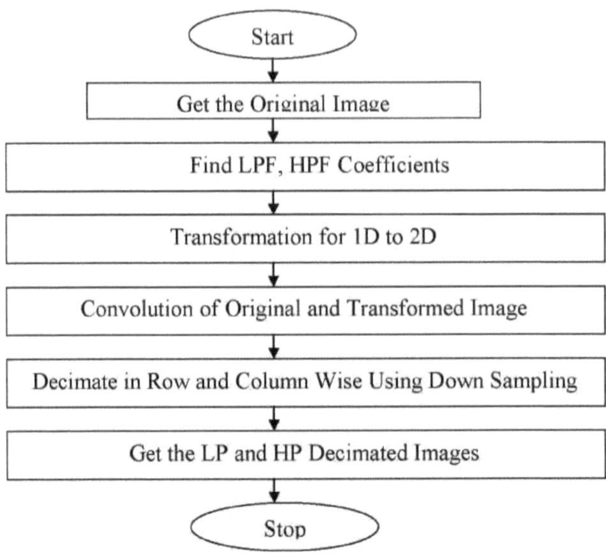

Figura 5.5 Fluxograma da decomposição

A figura 5.5 mostra o fluxograma da compressão ou decomposição da imagem. Nesta decomposição, a imagem original é dividida em dois filtros de coeficientes, como o passa-baixo e o passa-alto. Após a progressão da filtragem, a imagem é enviada para a secção de transformação para processos 1D para 2D. Após o processo de transformação, é efectuada a modificação principal do processo de convolução da imagem original. Aqui utilizamos a convolução 2D porque a imagem tem uma função bidimensional. Após o processo de convolução, a imagem é dividida num processo de amostragem decimada por linhas e colunas. Por fim, após a amostragem, obtêm-se as imagens dizimadas de passagem baixa e de passagem alta com CR elevado, todo o processo da parte de compressão é interrompido e entra-se nos processos de conversão da imagem original interpolada/descompressão.

5.3.2 Diagrama de fluxo para descompressão/reconstrução

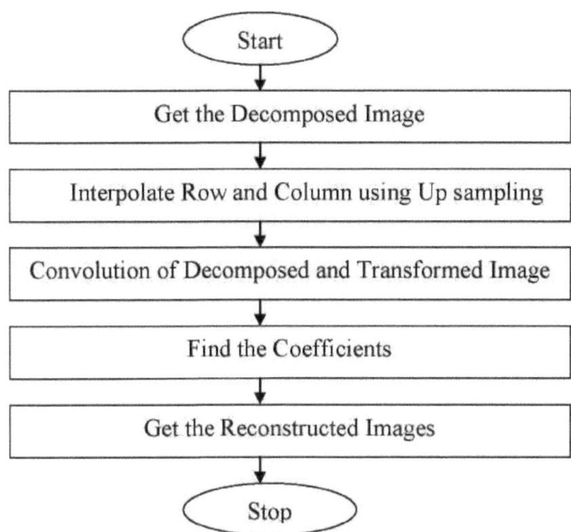

Figura 5.6 Diagrama de fluxo para a reconstrução

A figura 5.6 mostra o fluxograma para a reconstrução ou descompressão da imagem. Nesta secção, depois de a imagem decomposta ser convertida em secção interpolada de linha e coluna utilizando a amostragem ascendente, mede-se a convolução da amostragem da imagem decomposta e transformada. Esta técnica é utilizada para encontrar os coeficientes e, finalmente, obter as imagens reconstruídas, parando depois o processo de reconstrução.

5.4 MOTIVAÇÃO

A conceção fundamental do algoritmo existente consiste principalmente em abordar os modelos de compressão e descompressão do sistema e estes métodos estão principalmente envolvidos no domínio do codificador JPEG e do descodificador JPEG. Os métodos existentes, nomeadamente o AZTEC (Amplitude Zone Time Epoch Coding), o PPM (Peak Pitching Method), o LPM (Linear Prediction Method), as NN artificiais, as transformadas de Fourier, o WBC, o JPEG e a codificação baseada na DCT são métodos antigos que apresentam muitas desvantagens, como a CR, o custo elevado e o consumo de energia muito elevado. Para ultrapassar este problema, o método proposto é tido em conta.

O sistema proposto relativo à compressão de imagens/dados é utilizado para reduzir o tamanho da informação, ao mesmo tempo que é utilizado para reconstruir os dados e comparar a imagem original e a informação da imagem descomprimida para o processo posterior. Neste módulo, podemos atingir um rácio de compressão muito elevado e vamos implementá-lo no domínio VLSI para o futuro âmbito do processo.

5.5 OBJECTIVO

O objetivo da compressão de imagens é reduzir o tamanho da imagem e, ao mesmo tempo, manter a informação necessária. O objetivo da compressão de imagens é diminuir o tamanho da imagem e, ao mesmo tempo, manter a informação necessária. Quando a imagem é comprimida, é necessário reconstruir os dados e reduzir o número de bytes necessários para representar a informação. O algoritmo proposto consiste em conceber um sistema de compressão de imagem rápido e eficiente com análise do módulo existente, com base no qual são apresentados os desenvolvimentos recentes na codificação de sub-banda e de wavelet e no algoritmo SPIHT baseado na compressão de imagem escalável por meio de EBCOT. Conceber uma técnica de codificação de sub-banda baseada em wavelets rápida e eficiente para efeitos de compressão de imagens sem perdas. Todos os pormenores são brevemente discutidos no fluxograma de representação da decomposição e no fluxograma de representação da discussão da reconstrução.

5.6 ETAPAS DOS ALGORITMOS DE COMPRESSÃO

Os algoritmos de compressão do passo de fluxo estão envolvidos na conta da compressão e descompressão rápida e eficiente de imagens baseadas em satélite para a comunicação de técnicas WBA. Aqui, o filtro passa-baixo é dividido em duas secções de decimação, como o filtro passa-baixo de nível 2 e o filtro passa-alto de nível 2. Além disso, as secções dizimadas são divididas em dois filtros, nomeadamente o filtro passa-baixo de nível 3 e o filtro passa-alto de nível 3, como mostra a figura 5.7.

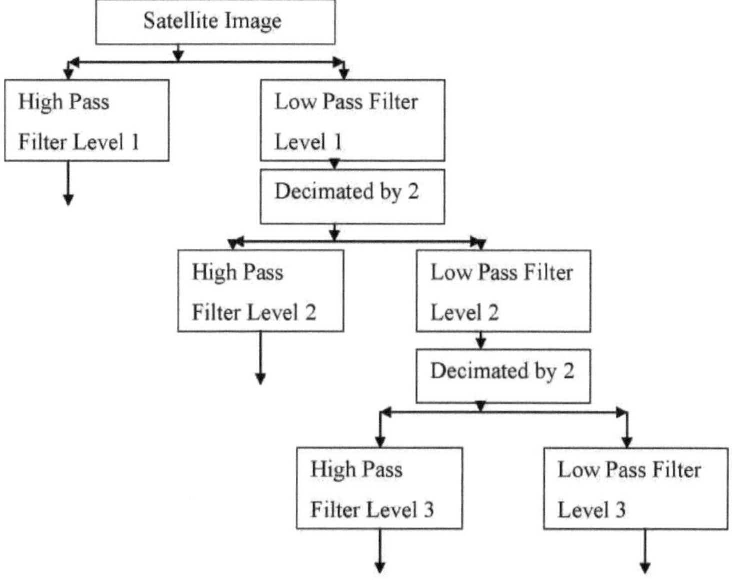

Figura 5.7 Diagrama de fluxo para compressão WB

5.7 RESULTADOS E DISCUSSÃO

A figura 5.8 mostra a imagem de satélite ideal original, uma vez que o tamanho do pixel da imagem é de 523 × 583. Esta é a imagem em escala de cinzentos e, nesta fase, podemos selecionar qualquer tamanho de imagem a cinzentos, em qualquer formato, para o processo de compressão da imagem. Neste módulo, podemos executar qualquer tamanho de imagem ou qualquer valor de pixel da imagem. Se a imagem de entrada for uma imagem a cores RGB, começa por ser convertida em imagem à escala de cinzentos e, em seguida, é implementado o processo seguinte. Assim, a imagem de satélite à escala de cinzentos de entrada é o coeficiente bidimensional de dados com o tamanho de imagem de 523 × 583.

5.7.1 Imagem de satélite original

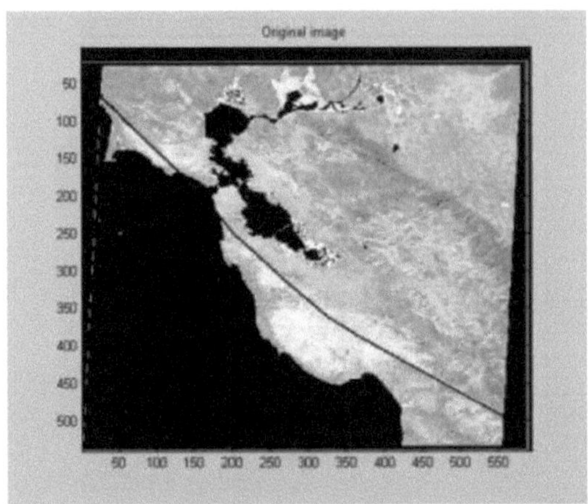

Figura 5.8 O tamanho dos píxeis da imagem original é 523 × 583

5.7.2 Nível de dizimação I

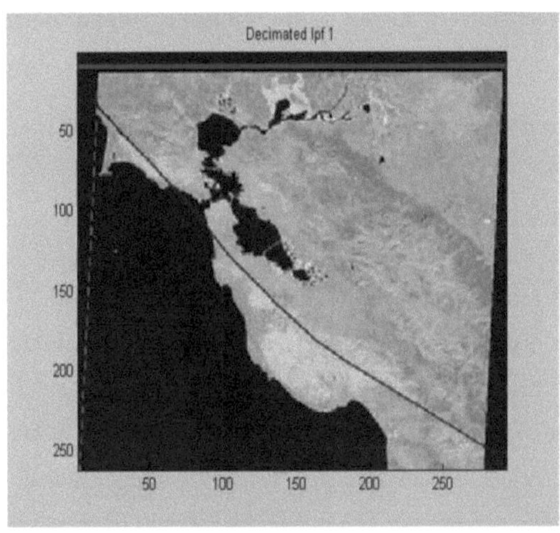

Figura 5.9 LPF dizimado O tamanho de 1 pixel é 258 × 283

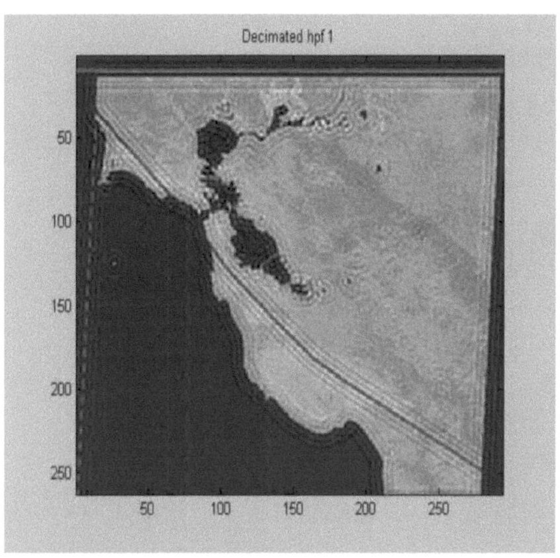

Figura 5.10 HPF dizimado 1 pixel de tamanho 258 × 283

5.7.3 Nível de dizimação II

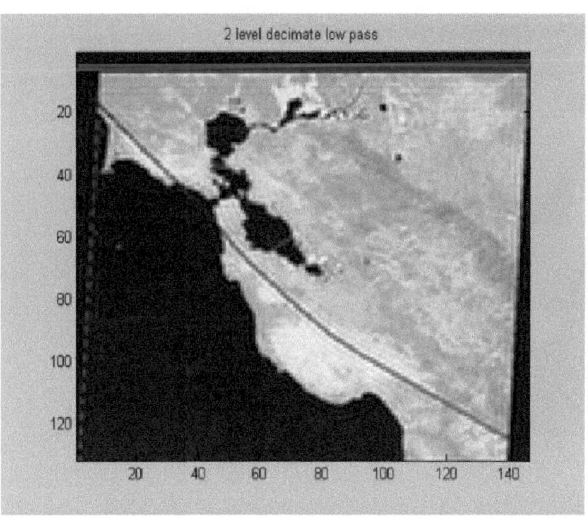

Figura 5.11 LPF dizimado 2 O tamanho do pixel é 138 × 148

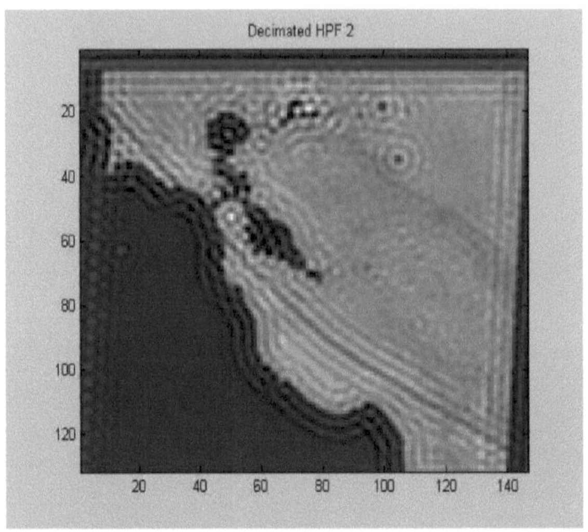

Figura 5.12 HPF 2 dizimado O tamanho do pixel é 138 × 148

5.7.4 Nível de dizimação III

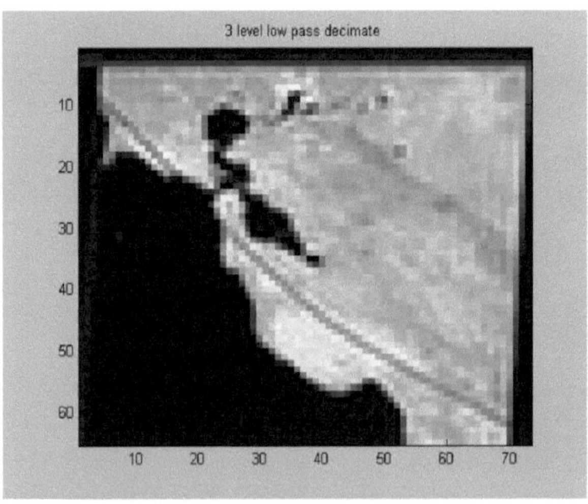

Figura 5.13 LPF dizimado 3 O tamanho do pixel é 65 × 73

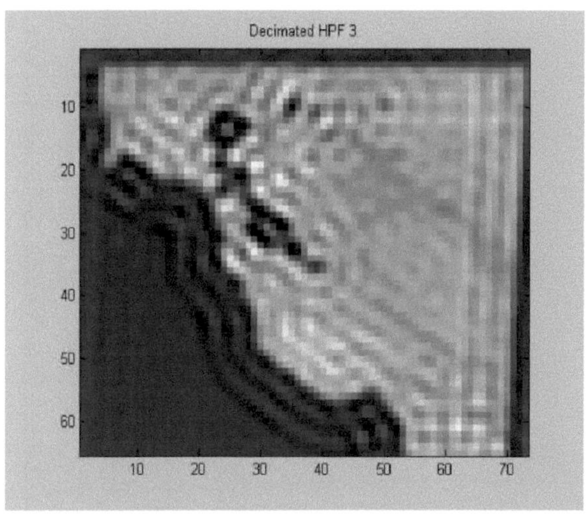

Figura 5.14 HPF 3 dizimado O tamanho do pixel é 65 × 73

5.7.5 Nível III interpolado

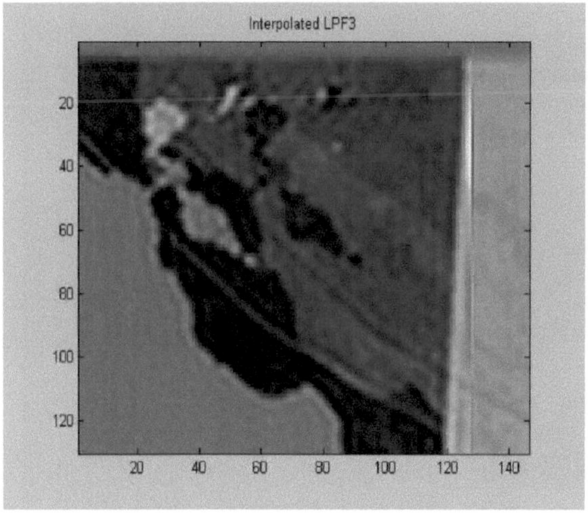

Figura 5.15 LPF interpolado 3 O tamanho do pixel é 138 × 148

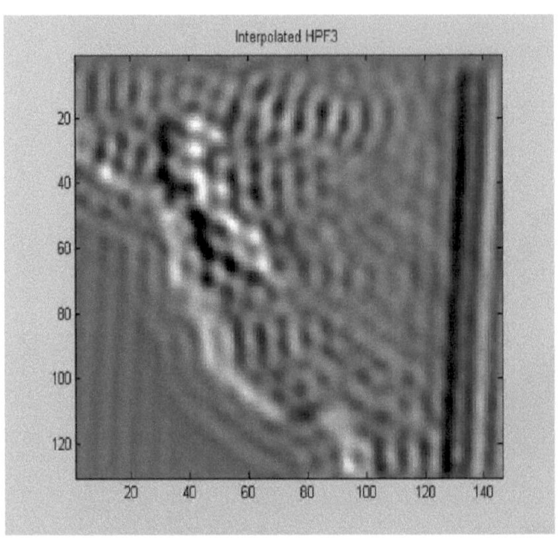

Figura 5.16 HPF 3 interpolado com 138 × 148 píxeis

5.7.5.1 Adição interpolada

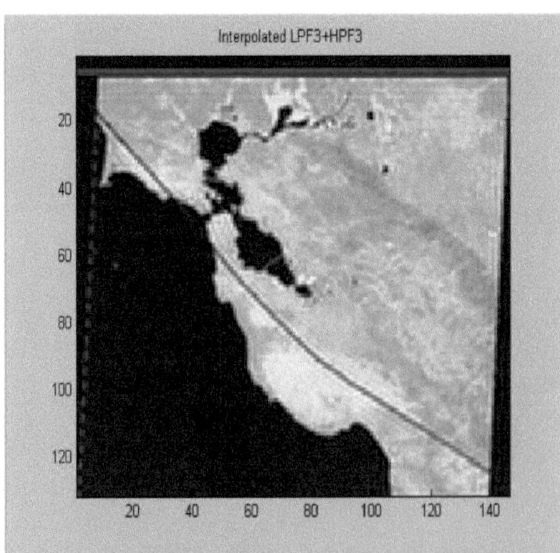

Figura 5.17 LPF 3+HPF 3 interpolado O tamanho do pixel é 138 × 148

5.7.6 Nível II interpolado

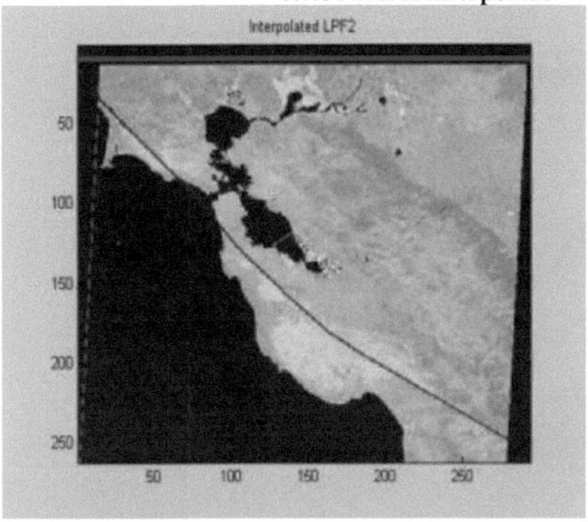

Figura 5.18 LPF interpolado 2 O tamanho do pixel é 258 × 283

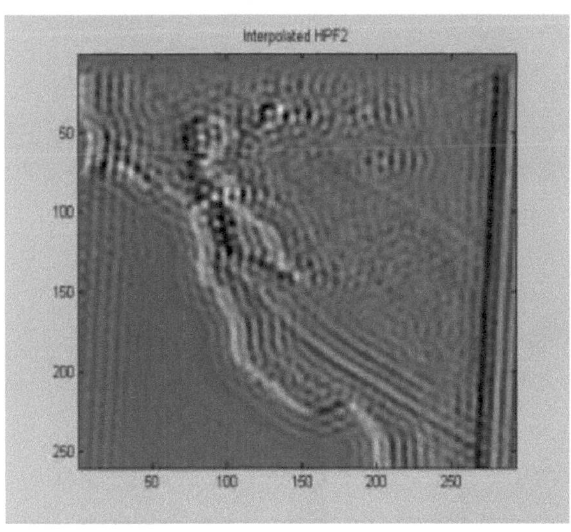

Figura 5.19 HPF 2 interpolado com uma dimensão de píxeis de 258 × 283

5.7.6.1 Adição interpolada

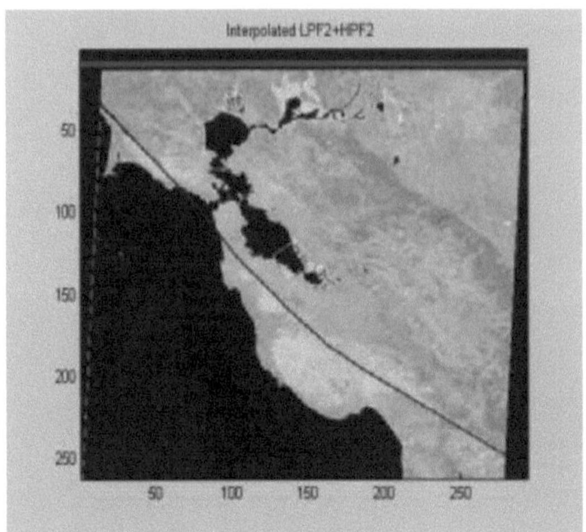

Figura 5.20 LPF 2+HPF 2 interpolado O tamanho do pixel é 258 × 283

5.7.7 Nível I interpolado

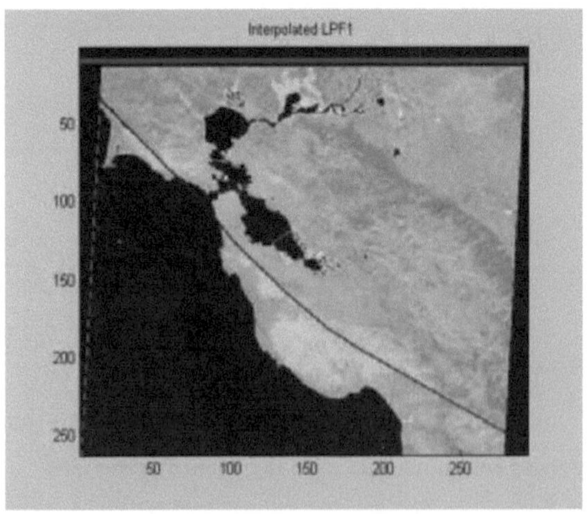

Figura 5.21 LPF interpolado O tamanho de 1 pixel é 523 × 583

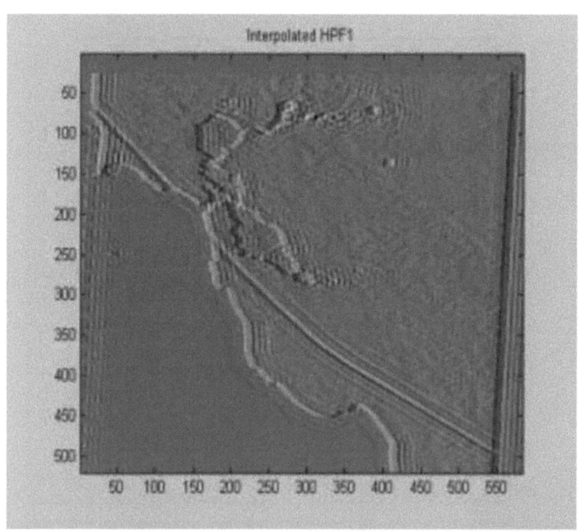

Figura 5.22 HPF interpolado 1 pixel de tamanho 523 × 583

5.7.7.1 Adição interpolada

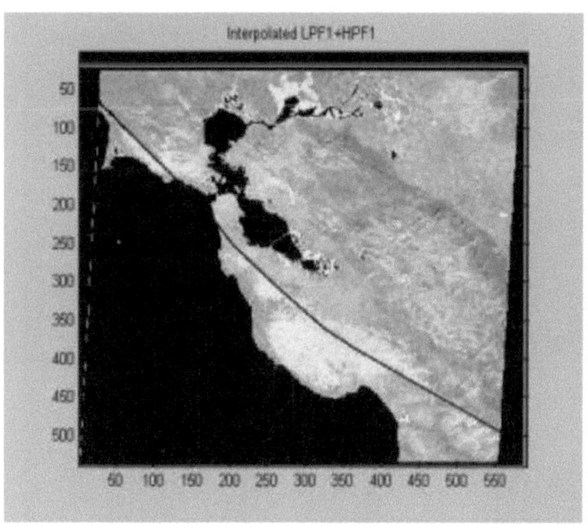

Figura 5.23 LPF 1+HPF 1 interpolado O tamanho do pixel é 523 × 583

5.7.8 Imagem reconstruída

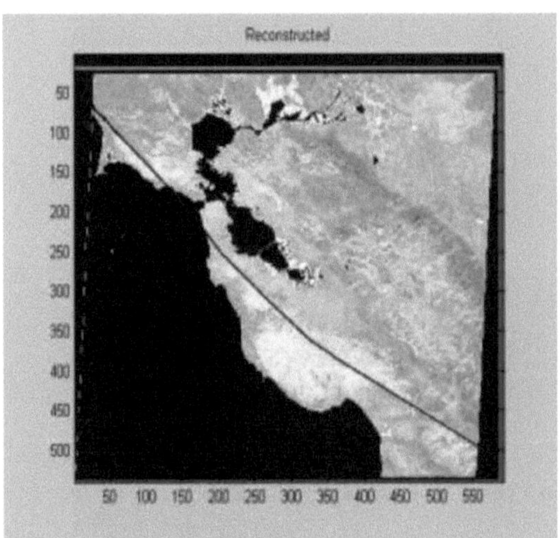

Figura 5.24 Imagem reconstruída o tamanho do pixel é 523 × 583

5.7.9 Imagem original

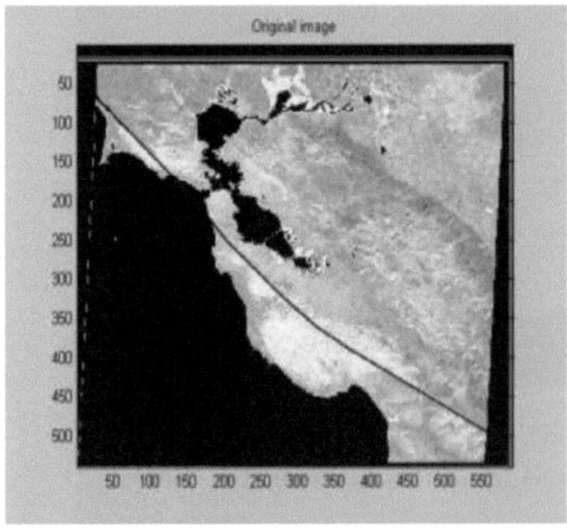

Figura 5.25 O tamanho dos píxeis da imagem original é 523 × 583

5.7.10 Discussões sobre a análise dos resultados

A figura 5.8 mostra os processos posteriores de todo o processo de compressão de imagem, do princípio ao fim, com dois filtros de correspondência e dois componentes de imagem. A componente de sinal de baixa frequência é a componente de sinal mais significativa, que é negligenciada por se tratar de uma compressão de imagem com menos perdas, pelo que só a taxa de compressão poderá aumentar. O sinal passa-alto dizimado é rejeitado nesta altura. A amostragem descendente é introduzida na componente de sinal de baixa frequência, bem como no módulo de sinal de alta frequência. Depois disso, o primeiro nível dizima os sinais passa-baixo e os sinais passa-alto dizimados são obtidos com o tamanho de pixel 258 × 283. As formas de onda acima referidas são apresentadas na figura 5.9 e na figura 5.10, por esta ordem.

As figuras 5.11 e 5.12 mostram o sinal passa-baixo e passa-alto dizimado de segundo nível com o tamanho de pixel 258 × 283. O sinal passa-alto dizimado é descartado neste ponto. A imagem LPF dizimada passa, do princípio ao fim, por dois filtros complementares e emerge em dois sinais. São dois níveis de sinal LPF e dois níveis de sinal HPF. A amostragem descendente é introduzida nestes sinais. Em seguida, obtêm-se os dois sinais passa-baixo dizimados e os dois sinais passa-alto dizimados. O HPF 2 dizimado é descartado neste ponto.

As figuras 5.13 e 5.14 mostram o sinal passa-baixo e passa-alto dizimado de terceiro nível com o tamanho de pixel 65 × 73. O sinal passa-alto dizimado é descartado neste ponto. Neste caso, a imagem LPF 1 dizimada de primeiro nível passa do princípio ao fim por dois filtros complementares e emerge em dois sinais. São três níveis de sinal LPF e três níveis de sinal HPF. A amostragem descendente é introduzida nestes sinais. Em seguida, obtêm-se os três sinais passa-baixo dizimados e os três sinais passa-alto dizimados. O HPF 3 dizimado é descartado neste ponto.

Nos níveis interpolados, obtêm-se os sinais passa-baixo e passa-alto dos níveis I, II e III, aos quais se adicionam os sinais passa-baixo e passa-alto dos níveis 1, 2 e 3. Estes são representados em toda a Figura 5.15 a Figura 5.23. Finalmente, obtemos a Figura 5.24 que mostra a imagem reconstruída e a Figura 5.25 mostra a imagem decomposta da imagem original.

5.7.11 Rácio de compressão em cada nível

Aqui, analisamos todos os níveis de análise do valor dos parâmetros de compressão da imagem. Se analisarmos o CR no nível I, é igual ao número de amostras no sinal de imagem de entrada original dividido pelo número de amostras no nível I do sinal de saída comprimido e é também equivalente a todos e cada um dos níveis de alargamento.

$$\text{CR at I level} = \frac{(\text{No of samples in the original signal})}{(\text{No of samples in the I level signal})}$$

$$= 500/250 = 2$$

$$\text{CR at II level} = \frac{(\text{No of samples in the original signal})}{(\text{No of samples in the II level signal})}$$

$$= 500/125 = 4$$

$$\text{CR at last level} = \frac{(\text{No of samples in the original signal})}{(\text{No of samples in the last level signal})}$$

$$= 500/62.5 = 8$$

O quadro 5.1 apresenta a análise do desempenho do CR dos três níveis. Destes, o nível III tem um CR elevado com uma percentagem elevada. A Tabela 5.2 mostra a análise dos parâmetros de processamento de imagem, tais como os valores de CR, tamanho da imagem, tipo de compressão, BPP, PSNR e MSE. A Tabela 5.3 mostra a comparação da análise de vários métodos no parâmetro CR. De todos estes métodos, o WBA proposto tem um CR elevado com uma percentagem elevada.

Tabela 5.1 Análise do nível do rácio de compressão

Sl. No	CR Level	Range	Level of Percentage
1	Level I	2	20
2	Level II	4	40
3	Level III	8	80

Tabela 5.2 Análise do parâmetro de processamento de imagem

Sl. No	Parameter	Range/ Values
1	Image size	523 × 583
2	Compression Type	Lossless
3	Compression Algorithm	Fast Efficient WBA
4	Pixel Block Size	4 × 4
5	CR	12.5
6	BPP	1
7	PSNR values	Infinite
8	MSE	0

Quadro 5.3 Análise comparativa de vários métodos

Sl. No	Methods	Compression Ratio	Level of Percentage
1	AZTEC	10 : 1	10
2	Peak Pitching Method	10 : 1	10
3	Linear Prediction Method	12 : 1	8.33
4	Artificial NN	16 : 1	6.25
5	Fourier Transforms	16 : 1	6.25
6	WBA for proposed Techniques	**8 : 1**	**12.5**

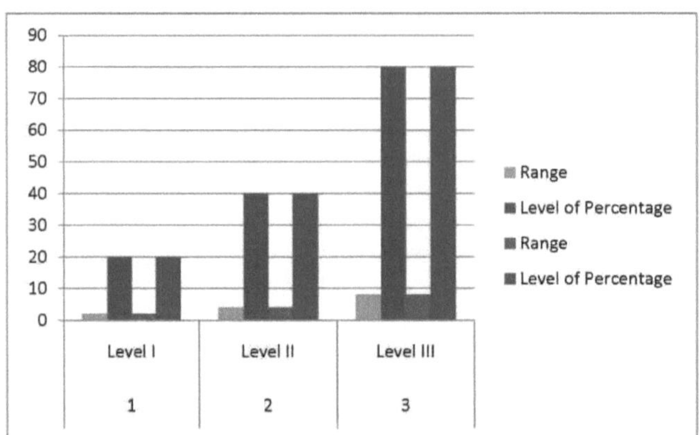

Figura 5.26 Análise comparativa do rácio de vários níveis

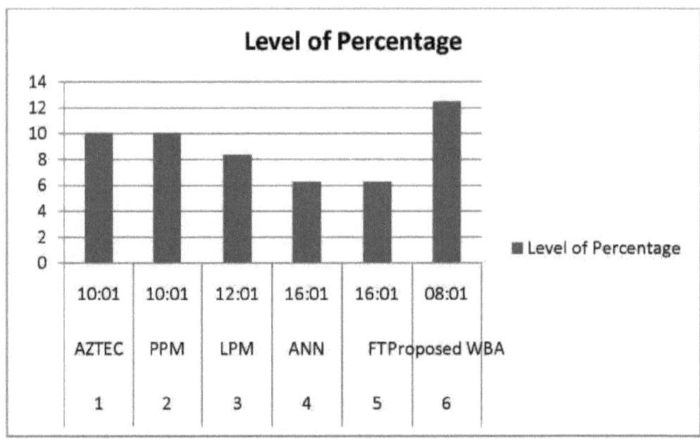

Figura 5.27 Análise de compressão do método atual e do método proposto

A figura 5.26 mostra a representação gráfica de barras da análise do nível da taxa de compressão. A Figura 5.27 mostra a representação gráfica de barras do método existente e do método proposto.

5.8 CONCLUSÃO E TRABALHO FUTURO

Assim, os algoritmos baseados em wavelets são utilizados para reduzir o espaço de armazenamento necessário para guardar o tamanho de uma imagem ou a largura de banda de armazenamento necessária para a transmitir de um local para outro, bem como o espaço em disco e o tempo de transmissão necessário. Ao aplicar o algoritmo WBA, obtém-se finalmente um RC de 8 : 1 e 80% da informação está disponível na imagem reconstruída em comparação com a imagem original. O nível de percentagem da taxa de compressão é de 12,5. Em comparação com todas as técnicas anteriores, este método é o melhor. Aqui, podemos utilizar técnicas de convolução 2D para a compressão, de modo a obter uma taxa de compressão elevada e um MSE baixo. Com esta técnica, podemos selecionar qualquer tamanho de imagem e qualquer formato de ficheiro.

A futura modificação desta técnica pode ser selecionada a partir de quaisquer algoritmos diferentes para a compressão ou implementada no kit VLSI e analisou os vários parâmetros relacionados com o processamento de imagens e o domínio VLSI.

CAPÍTULO 6

ANÁLISE QTD DA COMUNICAÇÃO DE DADOS DE IMAGENS COMPRIMIDAS PARA IMAGENS SEM PERDAS

6.1 INTRODUÇÃO

A introdução à compressão de imagens é o facto de as imagens necessitarem de muito mais espaço de armazenamento do que o texto. Quando a imagem pode ser armazenada num ficheiro de tamanho não comprimido, a quantidade de espaço de armazenamento não é apenas um fator a ter em conta, mas também a velocidade de transmissão de dados para os meios de comunicação sem fios ou com fios (entre a origem e o destino) é consideravelmente elevada. Por conseguinte, podemos transmitir essa imagem ou informação de dados numa forma comprimida de transmissão. Atualmente, as RSSF são o estabelecimento a ser implantado a um ritmo acelerado com acesso à Internet. A recente evolução técnica das comunicações permitiu um novo desenvolvimento das comunicações das RSSF, que se traduziu numa nova capacidade de processamento dos sinais e, em seguida, de comunicação dessas informações ao destino. A RSSF é uma coleção de nós previamente organizados numa rede de apoio. Cada nó é constituído por uma capacidade de processamento e pode conter vários tipos de programas de memória. A QTD pode ser aplicada através de duas abordagens alternativas: a primeira é a decomposição de baixo para cima e a segunda é a decomposição de cima para baixo. A QTD tem sido amplamente utilizada devido à sua baixa complexidade e ao seu poderoso potencial de compressão.

Neste módulo, o nosso principal objetivo é a análise do desempenho de imagens comprimidas através de redes de sensores sem fios. Os parâmetros que devem ser analisados durante a compressão são CR, PSNR, BPP e MSE. Os parâmetros a analisar durante a transmissão da imagem através da rede de sensores sem fios são a taxa de transferência, o atraso, a perda de pacotes e o tempo de transmissão. Neste módulo, a ferramenta de hardware utilizada é o processador dual core e a ferramenta de software é o sistema operativo Windows 7 e o kit de ferramentas é o MATLAB 7.8 e o Network Simulator 2.

6.2 MÉTODOS EXISTENTES

São utilizadas várias técnicas para a compressão de imagens, nomeadamente a transformada discreta do cosseno, a compressão fractal, o JPEG e a DWT. Entre estas DCT, a compressão fractal é a técnica mais utilizada e a compressão fractal é uma compressão de imagem com perdas e exige maior dificuldade computacional. Os métodos existentes são muito complicados durante o processo, a velocidade de transmissão dos pacotes é baixa, o atraso é elevado e o custo é também elevado, pelo que o valor PSNR é baixo para a compressão. Assim, podemos desenvolver uma nova compressão de imagem sem perdas com elevada capacidade de transmissão de pacotes do algoritmo QTD para compressão de imagem com e sem perdas com RSSF.

6. 3SISTEMA PROPOSTO

6.3.1Introdução sobre a decomposição em árvore quádrupla

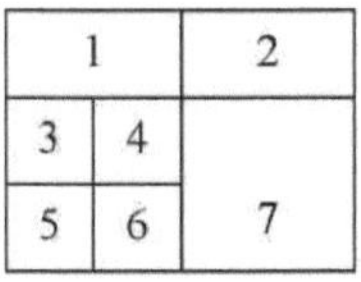

<table>
<tr><td colspan="2">1</td><td>2</td></tr>
<tr><td>3</td><td>4</td><td rowspan="2">7</td></tr>
<tr><td>5</td><td>6</td></tr>
</table>

Figura 6.1 Uma região após subdivisão por QTD

A decomposição QTD da região principal é a divisão de subdivisões num domínio quadrado. O critério é então aplicado a cada uma destas regiões. Se uma região não satisfizer o critério, não é dividida. A QTD pode ser classificada de acordo com as seguintes etapas básicas: o tipo de dados que são utilizados para representar, o princípio que orienta o processo de decomposição e, finalmente, a imagem de resolução. A região de decomposição pode ser dividida em partes equivalentes em cada nível da entrada, como mostra a Figura 6.1.

6.3.2 Estrutura de decomposição em árvore quádrupla

Esta estrutura centra-se principalmente nos métodos de codificação baseados nos processos de composição e decomposição da imagem. Em geral, uma imagem normalizada é constituída por um certo número de regiões que têm uma comparação restrita e, em seguida, por outras que têm um conteúdo mais ou menos diferente. Neste esquema, o QTD é utilizado no esquema de segmentação de imagens que divide a imagem em todas as regiões com o mesmo nível de áreas divididas. O algoritmo QTD pode ser aplicado a duas abordagens de compressão de imagens, como o QTD ascendente e o QTD descendente. A compressão de imagem sem perdas efectuada neste trabalho é a QTD de cima para baixo.

6.3.3 Transmissão através de uma rede de sensores sem fios

<table>
<tr><td colspan="3" rowspan="4">1</td><td>211</td><td>212</td><td>221</td><td>222</td></tr>
<tr><td>213</td><td>214</td><td>223</td><td>224</td></tr>
<tr><td>231</td><td>232</td><td>241</td><td>242</td></tr>
<tr><td>233</td><td>234</td><td>243</td><td>244</td></tr>
<tr><td>311</td><td>312</td><td rowspan="2">32</td><td colspan="2" rowspan="2">41</td><td colspan="2" rowspan="2">42</td></tr>
<tr><td>313</td><td>314</td></tr>
<tr><td colspan="2">33</td><td>34</td><td colspan="2">43</td><td colspan="2">44</td></tr>
</table>

Figura 6.2 QTD com base no critério da homogeneidade

A RSSF é constituída por nós sensores que são alimentados por pequenas baterias únicas. Os sensores de dados são utilizados para detetar movimento, som e luz para identificar inicialmente e localizar o alvo. A imagem decomposta é convertida em pacotes de dados e depois é transmitida de um nó para outro usando a simulação NS2. O sistema existente não analisa as dificuldades na linha de transmissão. Aqui, é analisada a dificuldade durante a linha de transmissão. Nas aplicações baseadas na compressão de imagens, os dados transmitidos são ainda melhores do que as outras aplicações de compressão existentes no sistema baseado em RSSF. Por conseguinte, em tais aplicações QTD sem perdas, são utilizadas para transferir informações de imagem que se tornam mais claramente identificáveis. Assim, o esquema de compressão proposto inclui duas responsabilidades fundamentais. O primeiro método é o algoritmo QTD e o segundo é a análise da transmissão de pacotes de dados e a recuperação de imagens.

6.4 MOTIVAÇÃO

Os métodos existentes, utilizados para a técnica de compressão de imagens, eram matematicamente complexos. O PSNR é fraco em DCT e DWT quando comparado com a abordagem proposta. A análise do algoritmo de compressão de imagem que utiliza métodos DCT para se concentrar na degradação da qualidade, alguns conteúdos de alta frequência podem ser descartados. Em métodos eficientes de filtragem de deslocamento de blocos baseados em árvores quádruplas para o desbloqueio e a alteração de métodos, não se concentra em intervalos de deslocamento de blocos para os factores de decomposição mais elevados e para preservar as regiões que contêm informações estruturais através do método acima referido e mantém um valor PSNR baixo. Nesta técnica de compressão de imagens utilizando a DWT, as limitações são que os resultados são satisfatórios para imagens simples, mas falham mais para cenas complexas. A iteração leva mais tempo a executar.

O método proposto envolve o algoritmo QTD, que consiste numa baixa dificuldade para o processo de compressão e transmissão. Paralelamente, a área de transmissão das RSSF foi melhorada e, atualmente, os conteúdos multimédia são mais necessários para a troca de informações entre dois utilizadores. Com base nestas aplicações em tempo real, desenvolvemos este novo esquema de compressão de imagem baseado em QTD sem perdas. Para satisfazer os requisitos da nova abordagem, desenvolvemos novos tipos de redes de transmissão de informações rápidas e sem perdas, com algoritmos de compressão que asseguram os requisitos de largura de banda para a transmissão de conteúdos em tempo real.

Para a transmissão de informações multimédia, é necessária uma grande largura de banda para a difusão de pacotes e a resposta da fonte e do destino. Para minimizar a baixa largura de banda para a capacidade de comunicação de pequenos pacotes de dados de informação, estes são transmitidos em nós assíncronos. Por conseguinte, utilizámos o algoritmo QTD baseado na compressão de imagens sem perdas, que é utilizado para cobrir toda a rede de transmissão. Os métodos existentes não se centram mais nas dificuldades do meio sem fios, mas o método proposto centra-se mais nas dificuldades do meio sem fios e analisa vários parâmetros.

6.5 OBJECTIVO

O objetivo do método proposto é analisar e melhorar o desempenho da rede de sensores sem fios com comunicação de dados de imagens comprimidas. Utilizando estes métodos, é possível analisar os parâmetros de processamento da imagem e os parâmetros da rede sem fios. O parâmetro de processamento da imagem, como o PSNR, o fator de decomposição, o MSE, o CR, o BPP e os parâmetros da rede sem fios, como o tempo de atraso, a taxa de dados, o débito, a perda de pacotes e o tempo de transmissão. Para reduzir as perdas de dados e aumentar o PSNR o mais possível e também para reduzir o MSE o mais possível. Estes métodos podem ser melhorados através da implementação utilizando o kit FPGA (Field Programmable Gate Array) para analisar os vários parâmetros.

6.6 ALGORITMOS QTD PARA ETAPAS DE FLUXO ENVOLVIDAS

O diagrama de fluxo para os algoritmos QTD inclui as etapas do fluxo envolvidas no processamento posterior. Os passos do fluxograma para todos os processos baseiam-se principalmente em todo o processo. Este processo aborda principalmente o processo de início a fim de toda a atividade de todas as etapas da análise dos parâmetros de compressão da imagem e da análise dos parâmetros da rede sem fios.

Passo 1 : O primeiro passo é ler a imagem de entrada a cores ou em escala de cinzentos e convertê-la num tamanho específico da imagem de entrada.

Passo 2 : Depois de redimensionar a imagem, decompor a imagem em quadrantes com base em critérios de homogeneidade.

Passo 3 : No passo 3, converter os quads em pacotes de dados e, em seguida, os parâmetros de compressão de imagem, tais como PSNR, MSE, CR, BPP são analisados.

Passo 4: Após a análise do parâmetro de processamento de imagem, desenhar o gráfico para os parâmetros acima mencionados.

Passo 5 : Após o processo do passo 3, transmitir os pacotes através da RSSF e os parâmetros como o tempo de atraso, o tempo de transmissão, a taxa de transferência e a perda de pacotes devem ser analisados.

Passo 6 : Finalmente, no passo 6, o pacote de dados de descompressão é recebido e a imagem original é reconstruída por descompressão.

6. 7IMPLEMENTAÇÕES DA DECOMPOSIÇÃO EM ÁRVORE QUADRADA

6.7. 1Arquitectura geral do sistema

No bloco de compressão, a imagem original é redimensionada para QTD. A imagem é decomposta com base nos critérios de homogeneidade e os valores de intensidade de cada pixel são determinados como mostra a Figura 6.2. Em seguida, a imagem é convertida num pacote de dados para efeitos de transmissão por sensores sem fios. O pacote contém os seguintes pormenores, como as coordenadas x e y, o tamanho e os valores. No bloco de compressão, são determinados os parâmetros de compressão, tais como CR, PSNR, BPP e MSE.

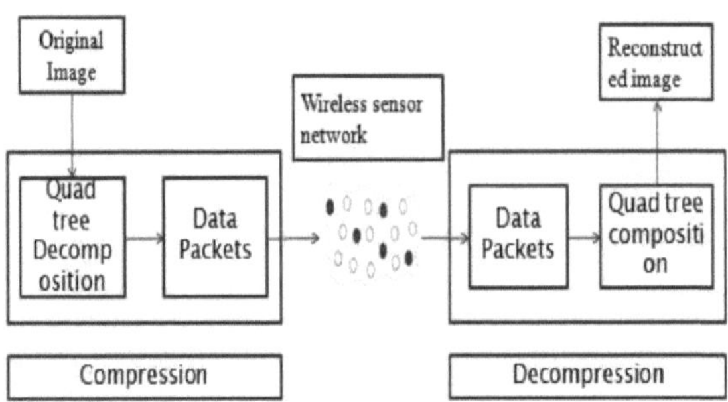

Figura 6.3 Arquitetura geral do sistema

No sistema proposto, a imagem original é uma imagem fixa captada da câmara. Para o processo de decomposição ou compressão da árvore quádrupla, essa imagem pode ser comprimida e transmitida através da RSSF. No lado da composição Quad Tree, a imagem comprimida pode ser reconstruída. Antes do processo WSN, podemos analisar os parâmetros de compressão da imagem e, depois do processo WSN, podemos analisar os parâmetros da rede. Aqui, para a verificação experimental, foram utilizadas ferramentas motes. A imagem enviada através da RSSF é recebida no recetor com alguns pacotes danificados ou perdidos devido ao ruído. A configuração experimental é mostrada na Figura 6.3.

A imagem original é dada como entrada para o QTD e é convertida em quadrantes. Em seguida, a saída é dada como entrada para a compressão, que é utilizada para alinhar uma imagem. Os pacotes de dados podem passar pela rede de sensores sem fios para serem transmitidos. Na WSN, os pacotes de dados são transmitidos da origem para o destino utilizando a simulação NS2. Em seguida, a imagem de saída é descomprimida e a composição da árvore quádrupla é efectuada, obtendo-se a imagem reconstruída.

6.7.2 Transmissão através de uma rede de sensores sem fios

Os pacotes de informação da saída comprimida serão transmitidos da origem para o destino através da rede de sensores sem fios. Neste módulo, a norma de transmissão utilizada para as RSSF é utilizada para medir parâmetros como a taxa de transferência, o tempo de transmissão, o atraso de ponta a ponta e a perda de pacotes. Neste módulo, os pacotes são transmitidos num modo sem fios com um tamanho máximo de informação de pacote. Assim, não é possível acrescentar ou modificar informações durante a troca de pacotes entre os dois utilizadores. Aqui, a rede WSNs desempenha um papel importante e, antes do processo de transmissão, medimos os parâmetros de compressão de imagem com e sem perdas.

6.8 RESULTADOS E DISCUSSÃO

6.8.1 Análise de QTD para compressão de imagens

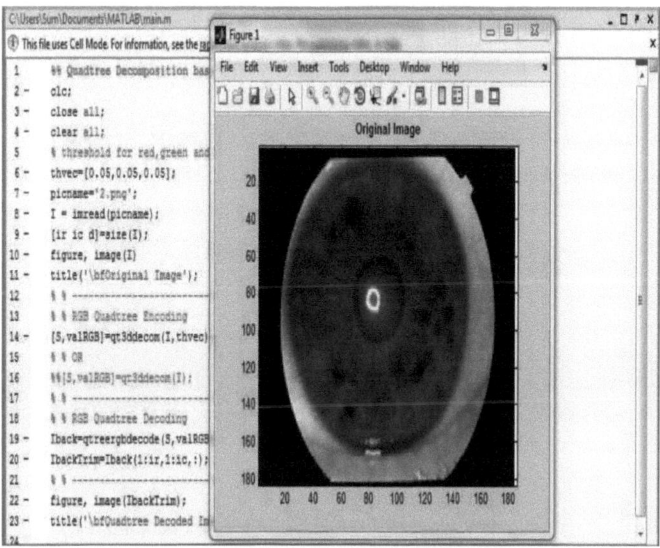

Figura 6.4 Imagem original da íris humana

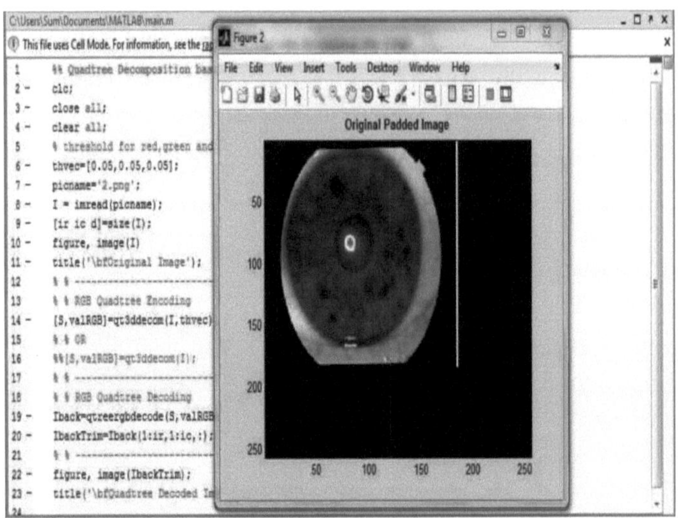

Figura 6.5 Imagem acolchoada da íris humana

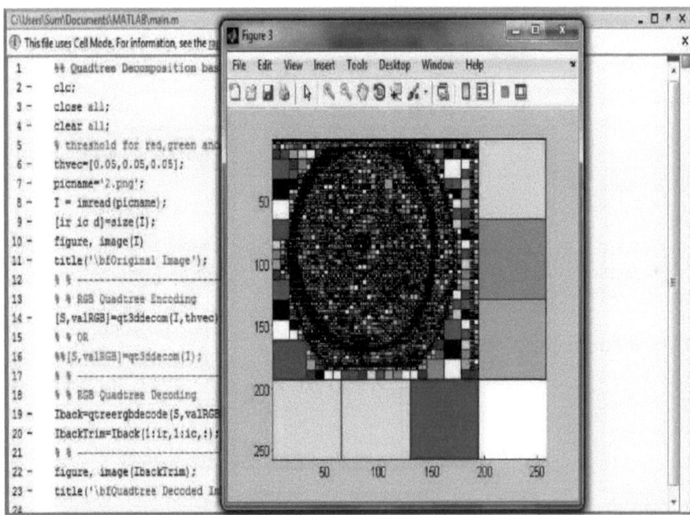

Figura 6.6 Imagem decomposta da íris (compressão com perdas)

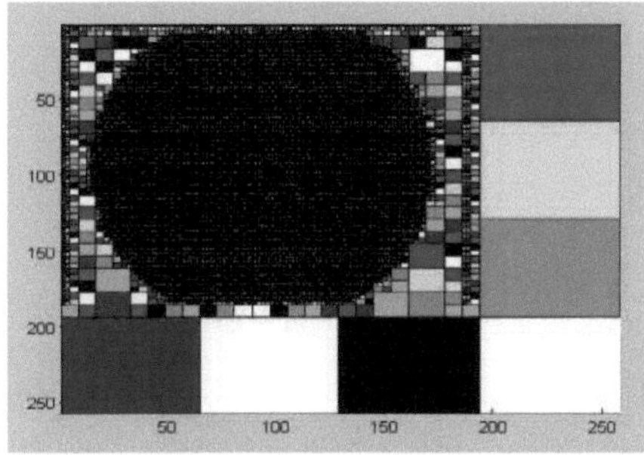

Figura 6.7 Imagem decomposta da íris (compressão sem perdas)

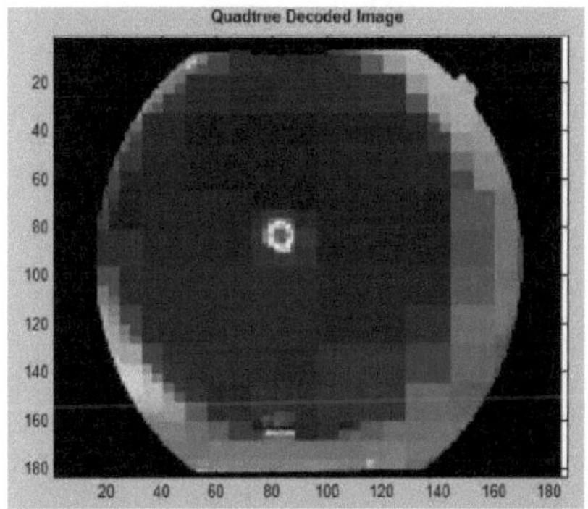

Figura 6.8 Imagem QTD para a íris em compressão com perdas

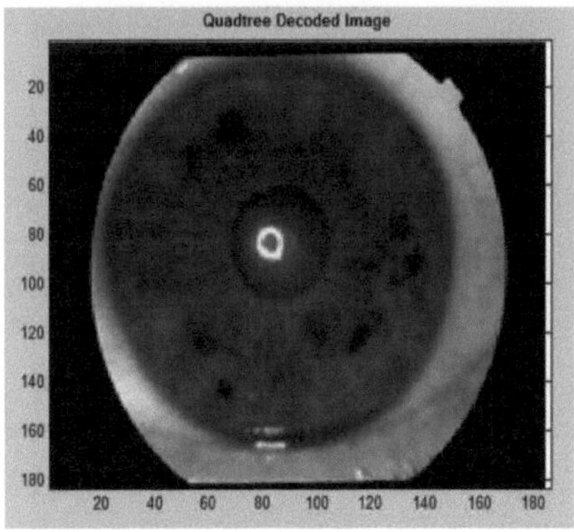

Figura 6.9 Imagem QTD para a íris em compressão sem perdas

Tabela 6.1 Análise de compressão com e sem perdas

Parameters	Lossy Compression	Lossless Compression
PSNR	33.3441	Infinity
MSE	48.1070	0
CR	16.1854	1.3303
BPP	1.4828	18.0412

A imagem original é dada como entrada ao QTD e obtém

convertida em quadrantes. Em seguida, a saída é dada como entrada para a compressão, que é utilizada para alinhar uma imagem. Os pacotes de dados podem passar pela rede de sensores sem fios para serem transmitidos. A imagem original da íris humana é mostrada na Figura 6.4 e depois a imagem é comprimida na Figura 6.5. Aqui, a imagem é precisada. A imagem é decomposta utilizando o método QTD. Por fim, a imagem é reconstruída utilizando o algoritmo QTD e o valor do fator de decomposição da imagem de alta qualidade, baseado na medida PSNR, é apresentado para diferentes tamanhos de imagem. Para além disso, a técnica proposta é também comparada com outras técnicas.

No esquema proposto, foram avaliadas as compressões com e sem perdas. Para a compressão com perdas, a imagem decomposta da íris humana é apresentada na Figura 6.6, enquanto que para a compressão sem perdas é apresentada na Figura 6.7. A imagem decomposta da íris humana na compressão com perdas contém os vários blocos de diferentes intensidades, mas na compressão sem perdas, a intensidade próxima do preto está muito presente, o que mostra que não há perda de dados, o que é representado na Figura 6.8 e na Figura 6.9. A Tabela 6.1 mostra a eficácia da compressão, que pode ser avaliada através de parâmetros como PSNR, CR, MSE e BPP. O gráfico é traçado para os parâmetros de compressão acima referidos em função de vários factores de decomposição. Nesta secção, há um maior número de bits disponíveis, porque mais cores podem ser representadas, mas é necessária mais memória para armazenar a imagem apresentada.

O segundo parâmetro a ser analisado é o MSE, no QTD, o valor do MSE obtido para a compressão com perdas é 30,1070 e para a compressão sem perdas, o valor é 0. O terceiro parâmetro a ser analisado é o CR que deve ser obtido para a compressão com perdas é 16,1854 e para a compressão sem perdas é 1,3303. Finalmente, o quarto parâmetro é o PSNR, que se obtém através do QTD e que é 33,3441 para a compressão com perdas e infinito para a compressão sem perdas.

A Figura 6.10 mostra o DF (Fator de Decimação) vs. BPP para técnicas de compressão com perdas. Aqui, o valor do fator de decifração é 100 e o valor do PPB para as técnicas de compressão com perdas é 1,4828 e a Figura 6.11 mostra o DF vs. PPB para as técnicas de compressão sem perdas. Aqui, os valores do fator de decifração são 100 e os valores de BPP para a compressão sem perdas são 18,0412. A Figura 6.12 mostra o DF vs. MSE para técnicas de compressão com perdas. Aqui, os valores do fator de decifração são 100 e os valores de MSE para a compressão com perdas são 48,1070 e a Figura 6.13 mostra o DF vs. MSE para as técnicas de compressão sem perdas. Aqui, os valores do fator de decifração são 100 e os valores de MSE para a compressão sem perdas são zero.

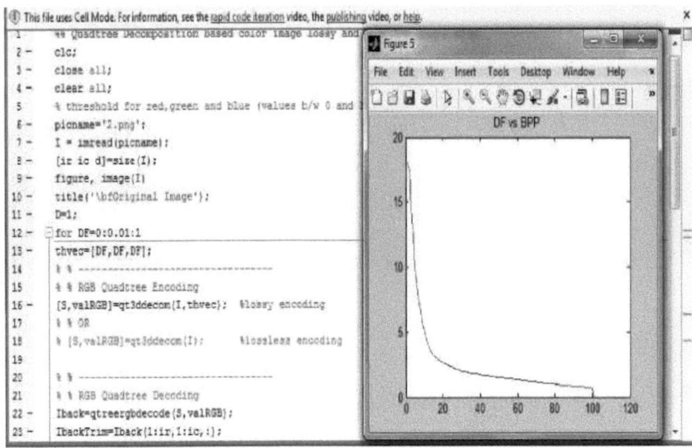

Figura 6.10 DF vs. BPP para compressão com perdas

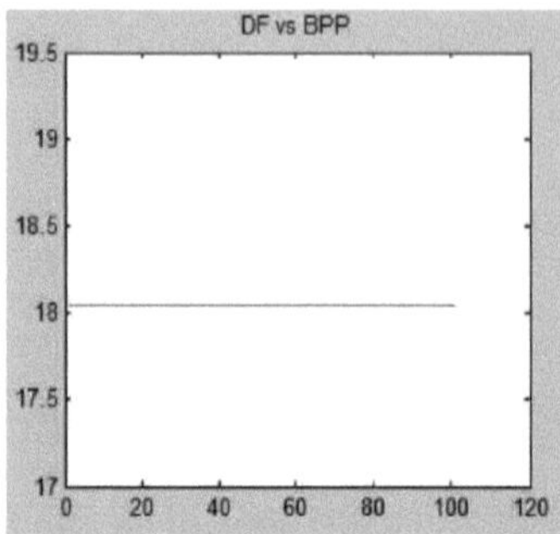

Figura 6.11 DF vs. BPP para compressão sem perdas

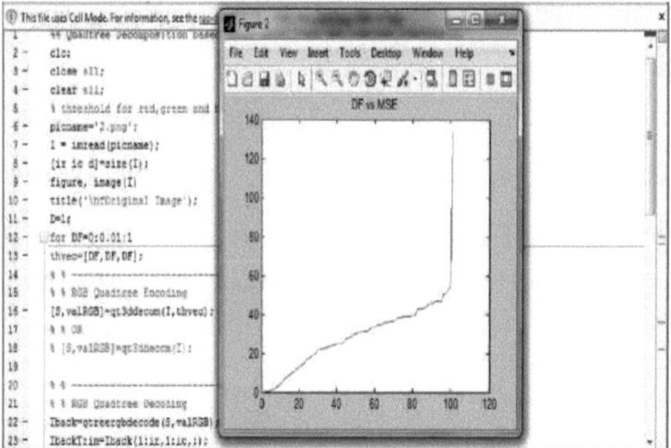

Figura 6.12 DF vs. MSE para compressão com perdas

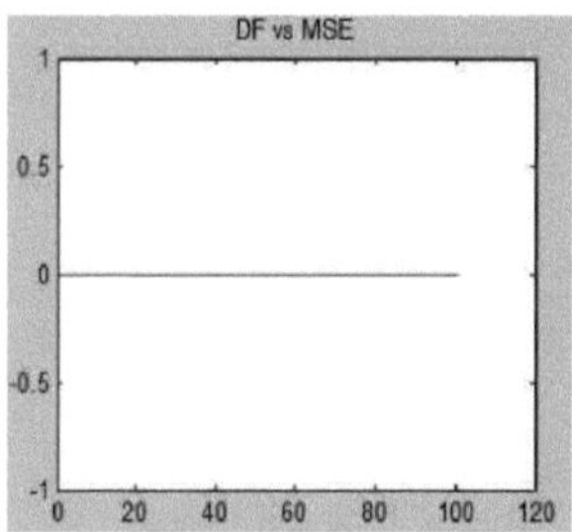

Figura 6.13 DF vs. MSE para compressão sem perdas

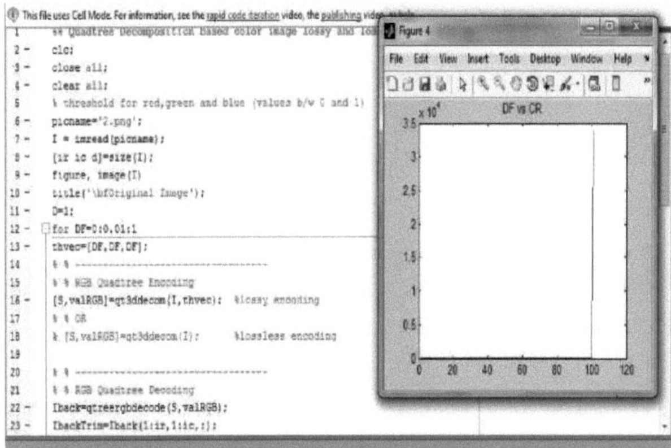

Figura 6.14 DF vs. CR para compressão com perdas

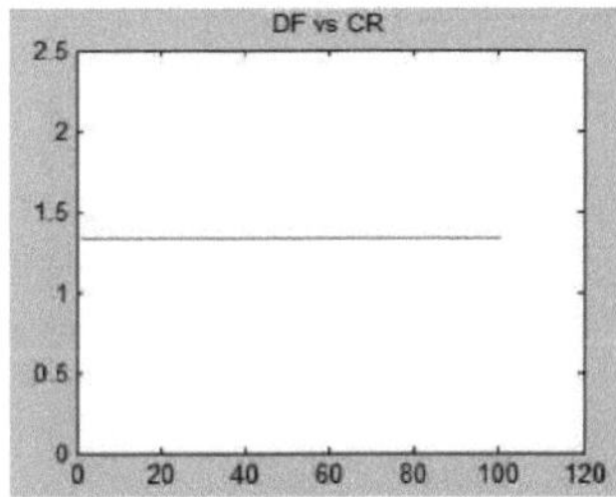

Figura 6.15 DF vs. CR para compressão sem perdas

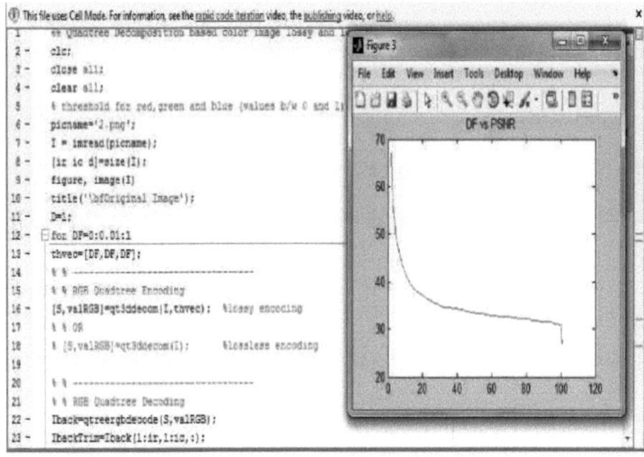

Figura 6.16 DF vs. PSNR para compressão com perdas

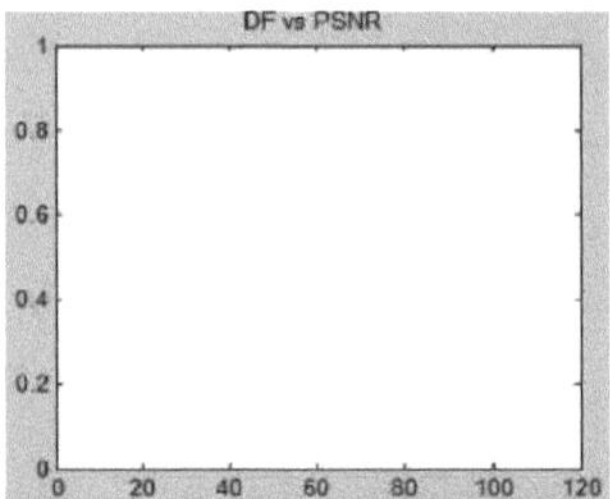

Figura 6.17 DF vs. PSNR para compressão sem perdas

A Figura 6.14 mostra o DF vs. CR para a técnica de compressão com perdas. Aqui, o valor do fator de decifração é 100 e o valor do CR para a técnica de compressão com perdas é 16,1854 e a Figura 6.15 mostra o DF vs. CR para a técnica de compressão sem perdas. Aqui, o valor do fator de decifração é 100 e o valor do CR para a compressão sem perdas é 1,3303.

A Figura 6.16 mostra o DF vs. PSNR para a técnica de compressão com perdas. Aqui, o valor do fator de decifração é 100 e os valores PSNR para a técnica de compressão com perdas é 33,3441 e a Figura 6.17 mostra o DF vs. PSNR para a técnica de compressão sem perdas. Aqui, o valor do fator de dizimação é 100 e o valor PSNR para a técnica sem perdas é Infinito.

6.8.2 Medição da transmissão de imagens através de RSSF

A medição da transmissão de imagens através de uma rede sem fios consiste em solicitar diferentes factores de decomposição para todas as imagens, a fim de testar, em primeiro lugar, o resultado das perdas de pacotes da primeira imagem e, em segundo lugar, medir o esquema de consumo de energia. Assim, o novo algoritmo QTD sem perdas é utilizado para medir uma grande variedade de vantagens em comparação com os esquemas de compressão de imagem existentes. A compressão da imagem e a transmissão da RSSF foram efectuadas de acordo com a seguinte progressão. A progressão do esquema de compressão de imagem acima referido é a imagem fixa original da íris humana a várias resoluções com uma imagem a cores RGB de 8 bits. O primeiro processo de medição da transmissão da imagem é efectuado após a medição dos parâmetros de processamento da imagem, para transmitir a rede de transmissão sem fios. Nesta transmissão, as imagens comprimidas são transmitidas como mostra a Figura 6.18.

Tabela 6.2 Parâmetros de configuração para a RSSF utilizada

Network Characteristics	Values
Number of nodes	49
MAC sub-layer protocol	IEEE 802.15.4
Routing Protocol	Static
Data size per packet (Bytes)	234
Distance between nodes (cm)	5

6.8.3 Medições da transmissão de imagens

O modelo para a RSSF é apresentado com a ajuda da ferramenta NS2, inicialmente os nós são atribuídos e o nó de origem e o nó de destino são atribuídos. Em seguida, verifica-se se o nó de origem e o nó de destino têm nós vizinhos para transmitir os dados e se o atacante está presente em toda a rede. O caminho mais curto é então determinado e os dados são transmitidos. São analisados parâmetros como o débito, o rácio de entrega de pacotes, o consumo de energia e a queda de pacotes.

A Figura 6.19 mostra a janela de saída onde o nó de origem e destino é inicializado. O nó de origem e de destino é inicializado nesta janela. Por exemplo, aqui, o nó 34 é inicializado como o nó de origem e o nó 38 é inicializado como o nó de destino. A Figura 6.20 mostra a janela de saída onde o tamanho do pacote de dados é inicializado. O tamanho do pacote de dados inicializado nesta janela é 234. O nó atacante é descoberto através da inicialização dos nós 22 e 30.

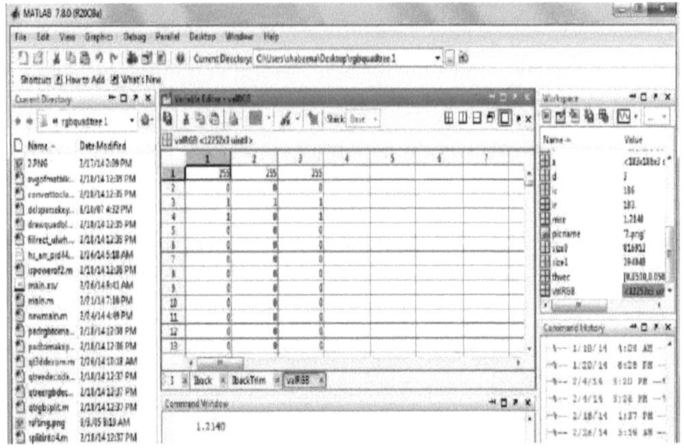

Figura 6.18 Formato do pacote de transmissão

Figura 6.19 Inicialização do nó de origem e destino

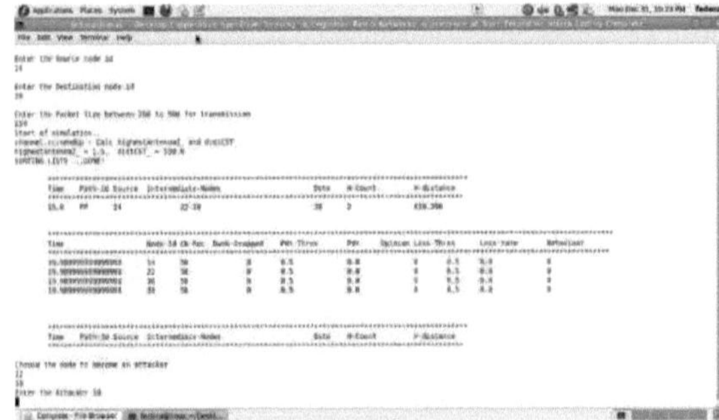

Figura 6.20 Inicialização do pacote de dados

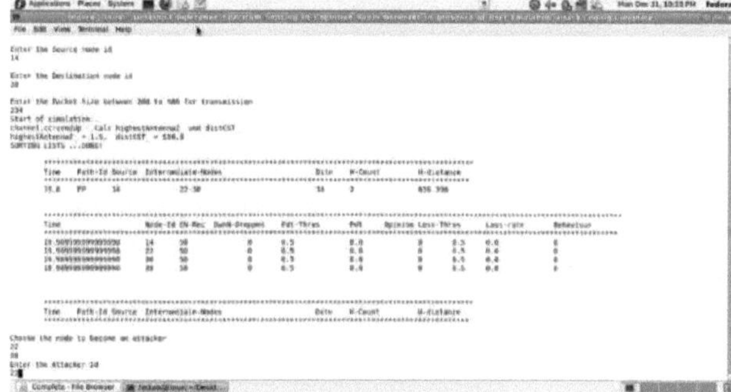

Figura 6.21 Localização do nó atacante

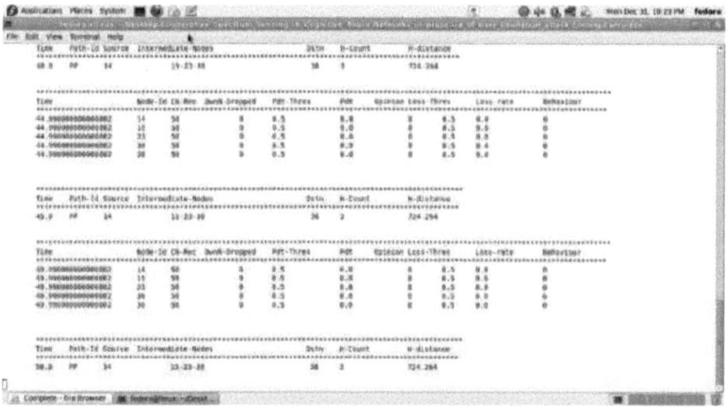

Figura 6.22 Cálculo do caminho mais curto

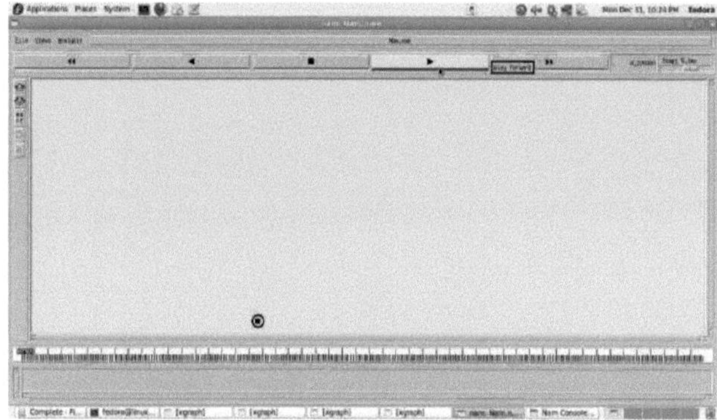

Figura 6.23 Criação de um nó de abertura

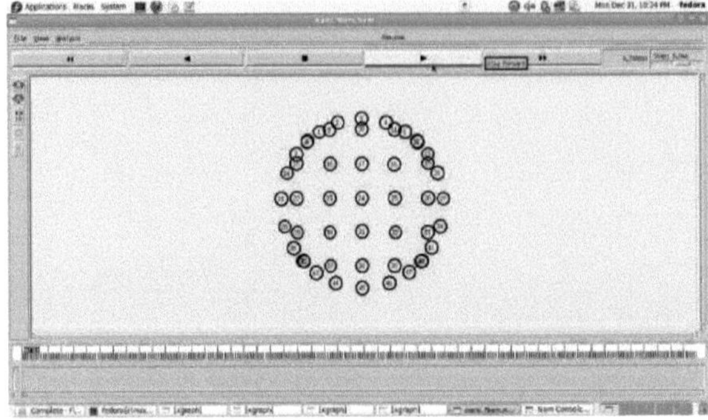

Figura 6.24 Inicialização do nó

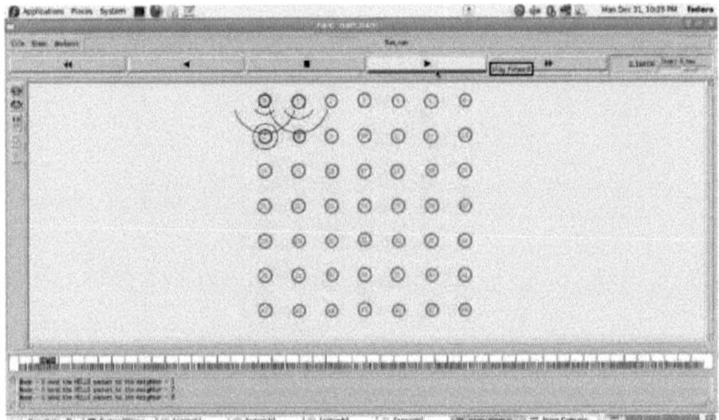

Figura 6.25 Descoberta de nós

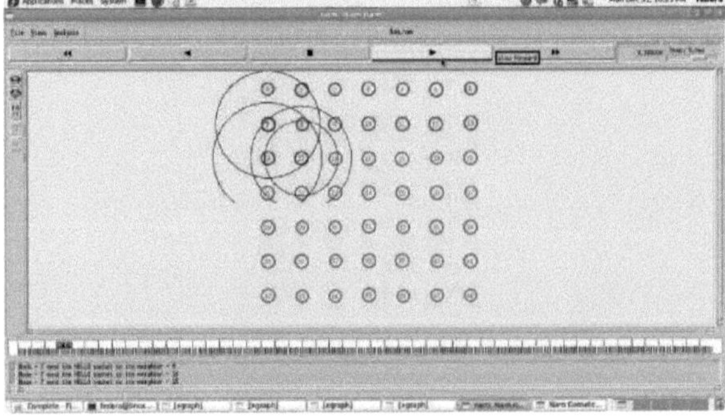

Figura 6.26 Processo de descoberta de nós

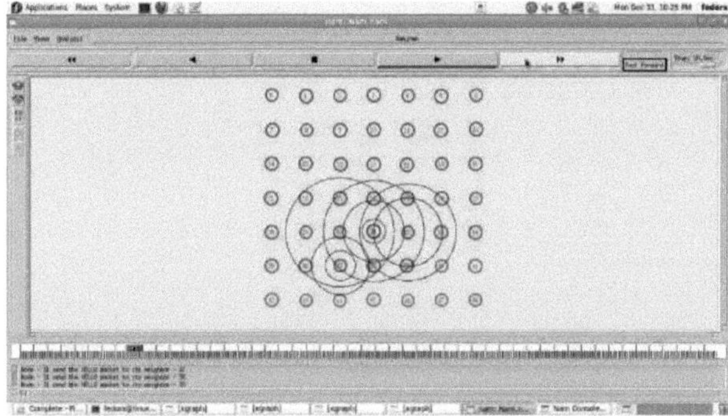

Figura 6.27 Continuação do processo de descoberta de nós

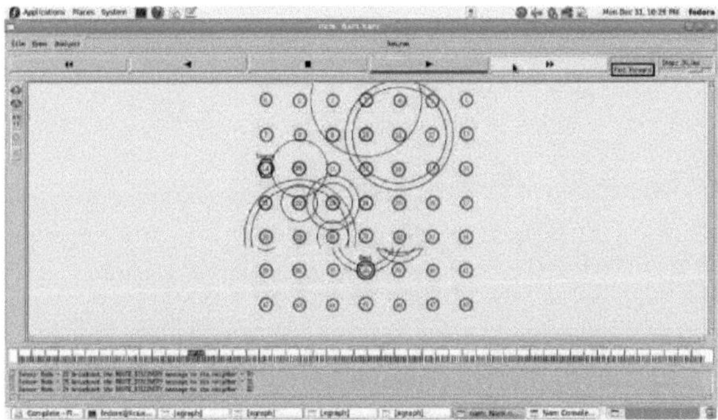

Figura 6.28 Determinação do débito

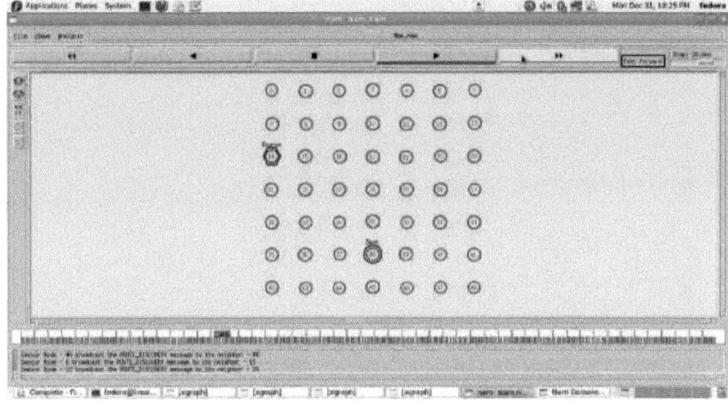

Figura 6.29 Inicialização após a taxa de transferência

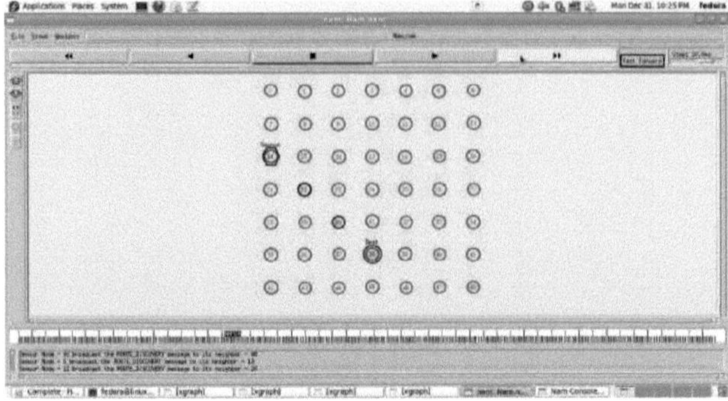

Figura 6.30 Implementação do caminho mais curto

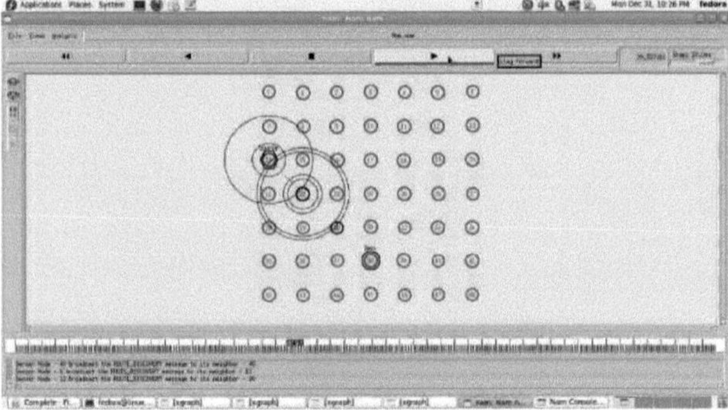

Figura 6.31 Transmissão de pacotes

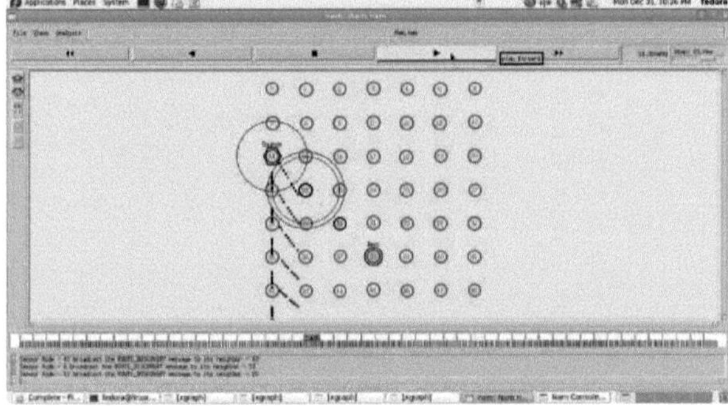

Figura 6.32 Descoberta do caminho mais curto

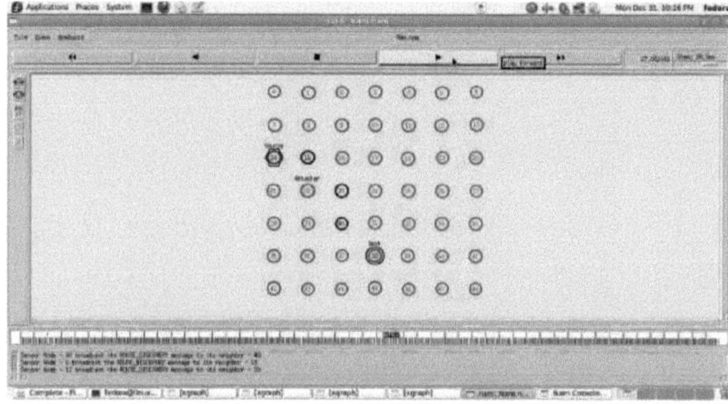

Figura 6.33 Substituição do nó atacante

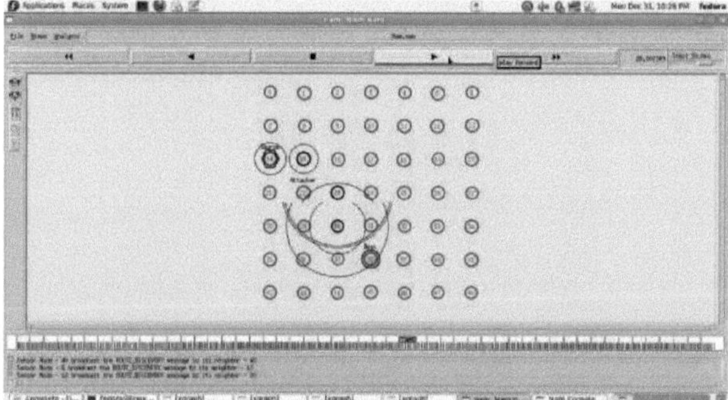

Figura 6.34 Transmissão bem sucedida

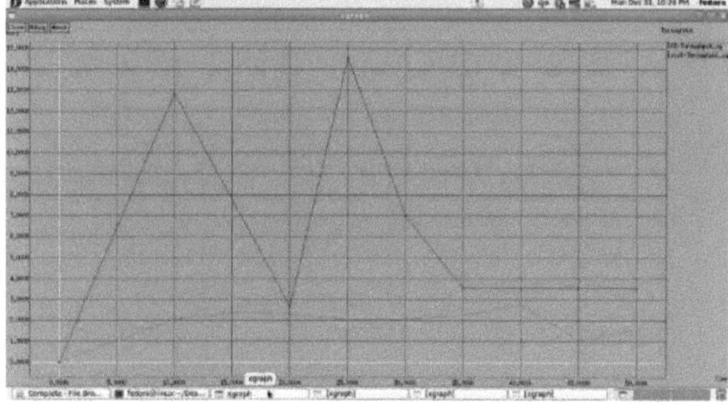

Figura 6.35 Gráfico de saída para a taxa de transferência

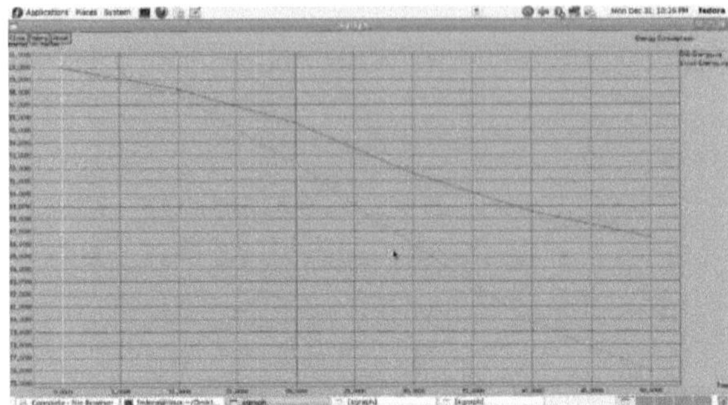

Figura 6.36 Gráfico de saída para a energia consumida

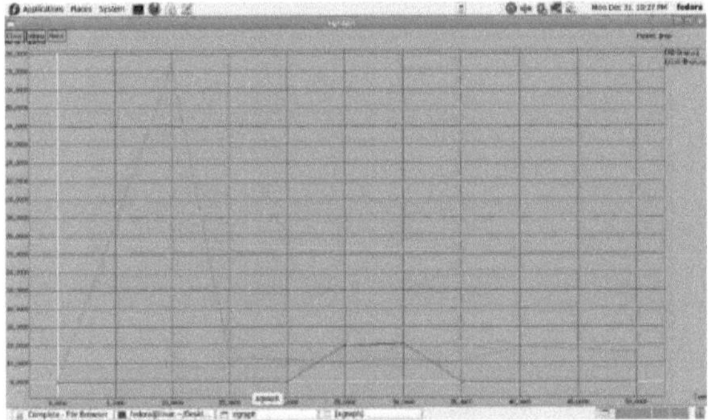

Figura 6.37 Gráfico de saída para queda de pacotes

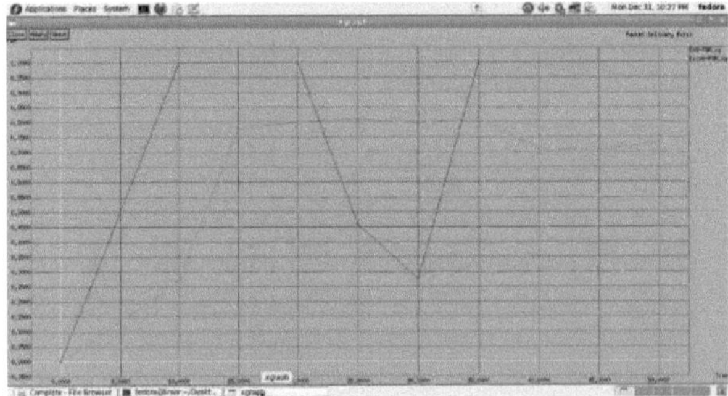

Figura 6.38 Gráfico de saída para o rácio de entrega de pacotes

A Figura 6.21 mostra a janela de saída onde o nó atacante é descoberto. A partir dos nós 22 e 30, a identificação do nó atacante é calculada como 22. A Figura 6.22 mostra a janela de saída para calcular o caminho mais curto. Aqui, calculando o tempo de deslocação entre o nó de origem e o nó de destino, é calculado o caminho mais curto. A Figura 6.23 indica a criação do nó na janela do animador de rede. Os 48 nós vão ser criados na janela do animador de rede numa localização predefinida. Inicialmente, os nós são de cor azul. A Figura 6.24 mostra que foram criados 48 nós na janela do animador de rede. Os 48 nós estão localizados nos locais predefinidos e estão prontos para o movimento aleatório. Em seguida, o movimento aleatório é dado a todos os nós.

A figura 6.25 indica que os 48 nós são descobertos utilizando o protocolo MAC 802.11. Os nós de cor azul reencaminham o pacote de descoberta com o valor da sua chave-mestra para os nós vizinhos, indicados a castanho. Depois de descobertos, os nós são convertidos para a cor púrpura. A Figura 6.26 indica que o processo de descoberta de nós está a decorrer. O nó que tem a cor azul indica a descoberta de nós no nó atual. A Figura 6.27 indica que o processo de descoberta de nós está a decorrer, o que é denotado pela mudança de cor do nó de verde para roxo. A Figura 6.28 indica a determinação do débito de cada nó. O nó em que o débito vai ser determinado é indicado a azul. O nó que está na cor castanha envia o pacote hello para o seu nó vizinho e recebe o seu aviso de receção. O nó que envia o aviso de receção num curto espaço de tempo é indicado como nó com um débito elevado. Esses nós são selecionados para a transmissão. A Figura 6.29 indica a inicialização dos nós de origem e destino. Após a determinação do débito dos nós, estes são convertidos em castanhos. Em seguida, o nó 24 e o nó 38, que são inicializados como nós de origem e de destino, são representados por um hexágono preto. A Figura 6.30 indica a janela de saída que é implementada para encontrar o caminho mais curto entre a origem e o destino. Assim, o vizinho mais próximo do nó de destino 38 é determinado como sendo o nó 30 e o nó 22. O caminho mais curto está assinalado a preto. A Figura 6.31 mostra a transmissão de pacotes da origem para o destino através do caminho mais curto. A Figura 6.32 mostra que existe mais do que um caminho mais curto. O nó mais curto transmite a mensagem de descoberta de rota aos nós vizinhos.

A Figura 6.33 mostra a janela de saída com um nó atacante. Os nós intermédios entre o nó de origem e o nó de destino são 22, 23 e 30. O nó 22 é identificado como nó atacante, pelo que o nó 22 é substituído pelo nó 25. Agora o caminho mais curto escolhido é 24, 25, 30, 38. A Figura 6.34 também mostra a transmissão bem sucedida de pacotes da origem para o destino. A Figura 6.35 mostra o gráfico de saída para a taxa de transferência. O gráfico de saída é traçado para a taxa de transferência durante a transmissão de pacotes. O gráfico é traçado para o tempo vs. quilo bits por segundo. O tempo é tomado no eixo x, enquanto o eixo y tem os kbps. A Figura 6.36 mostra o gráfico de saída para a energia consumida. O gráfico de saída é traçado para o consumo de energia durante a transmissão do pacote. O gráfico é traçado para o tempo vs. energia. O tempo é tomado no eixo x, enquanto o eixo y tem a energia em joules. A Figura 6.37 mostra o gráfico de saída para a queda de pacotes. O gráfico de saída é traçado para a queda de pacotes durante a transmissão de pacotes. O gráfico é traçado para o tempo vs. número de pacotes. O tempo é representado no eixo x ao mesmo tempo que o eixo y tem o número de pacotes.

Pacote perdido = Número de pacotes transmitidos - Número de pacotes recebidos.

PDR = $\sum$ Número de pacotes recebidos/$\sum$ Número de pacotes enviados

Tabela 6.3 Análise comparativa da compressão com e sem perdas utilizando o algoritmo QTD

Sl. No	Parameters	Lossy Compression	Lossless Compression
1	Original image	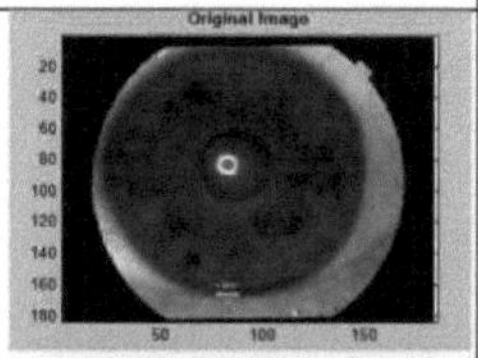	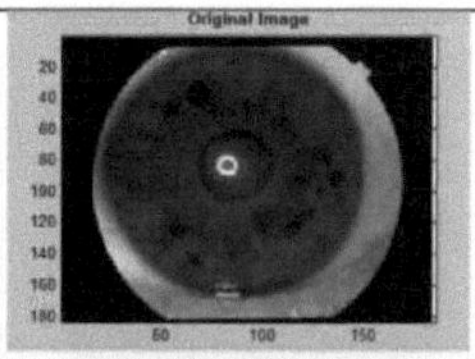
2	Original Padded image	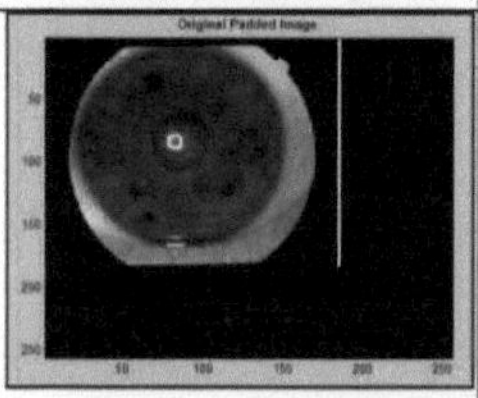	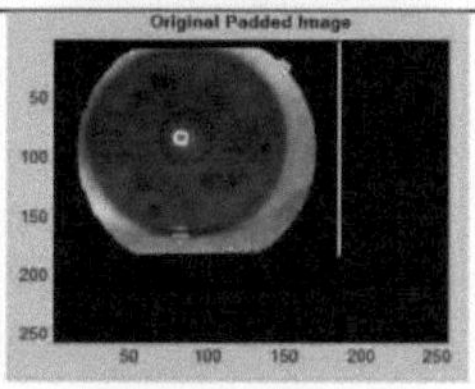
3	Decompose d image	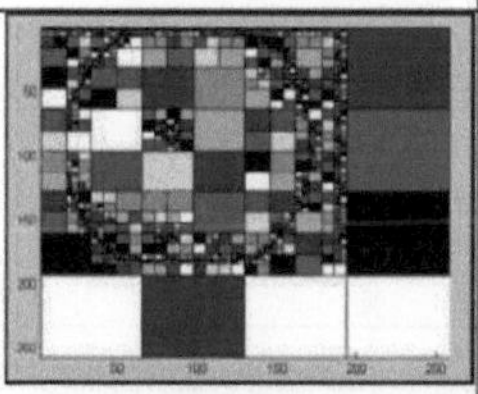	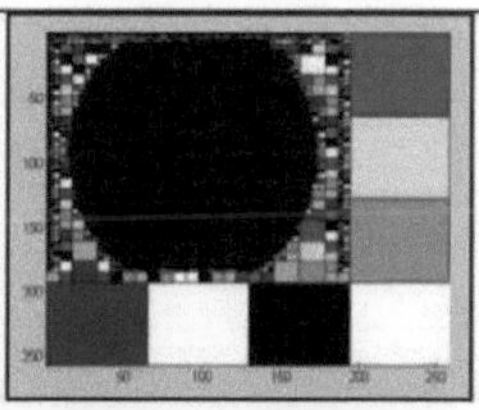
4	Quad Tree Decoded Image	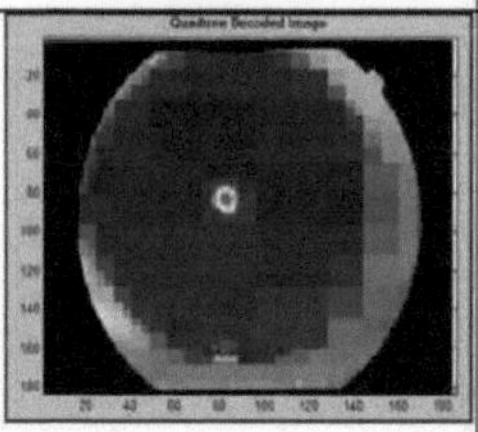	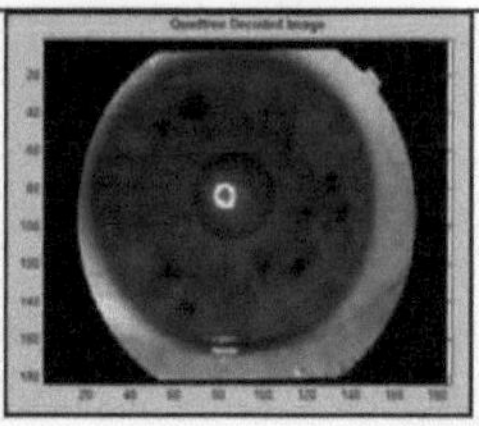
5	DF vs. BPP	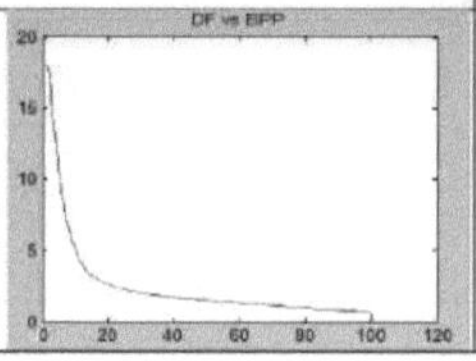	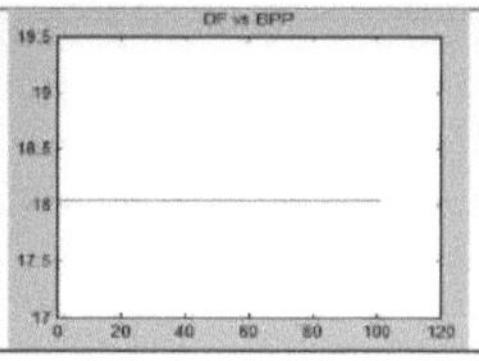

Quadro 6.3 (continuação)

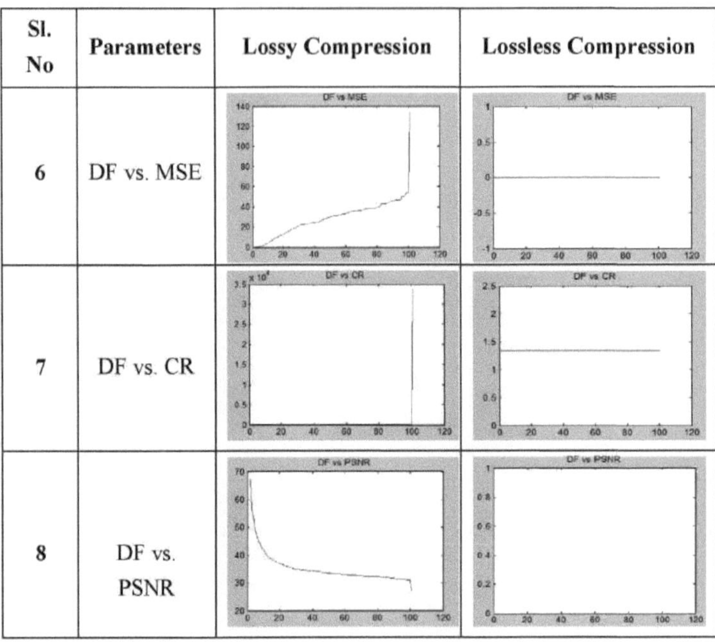

Sl. No	Parameters	Lossy Compression	Lossless Compression
6	DF vs. MSE		
7	DF vs. CR		
8	DF vs. PSNR		

Tabela 6.4 Análise do parâmetro de processamento de imagem

Sl. No	Parameter	Range/ Values
1	Image size	180 × 180
2	Compression Type	Lossless
3	CR	1.3303
4	Compression Algorithm	QTD Algorithm
5	PSNR	Infinity
6	MSE	0
7	BPP	18.0412
8	Pixel block size	4 × 4

Tabela 6.5 Análise de vários parâmetros em RSSF

Parameters	Existing Method	Proposed Method
Throughput	2.8 bytes/sec	14.8bytes/sec
Energy consumption	76%	86.3%
Packet drop	72%	20%
Packet Delivery Ratio	71-81%	30-98%

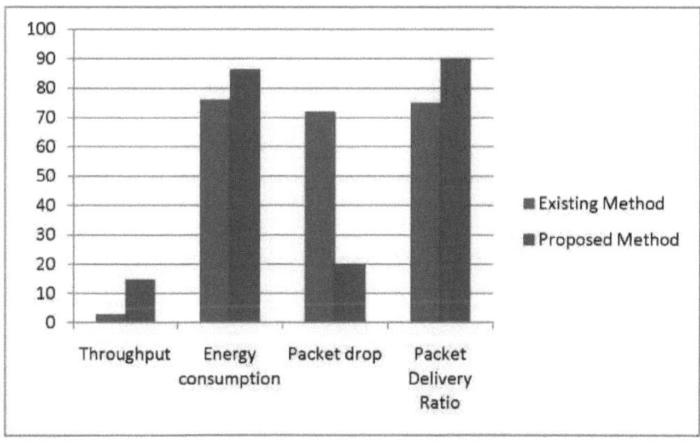

Figura 6.39 Análise do método existente e proposto de vários parâmetros

A Figura 6.38 mostra o gráfico de saída para a taxa de entrega de pacotes. O gráfico de saída é traçado para a queda de pacotes durante a transmissão de pacotes. O gráfico é traçado para o tempo vs. número de pacotes. O tempo é representado no eixo x ao mesmo tempo que o eixo y tem o número de pacotes. A Figura 6.39 mostra a representação da análise do método existente e proposto de vários parâmetros relacionados com a RSSF. A análise de todos os parâmetros do trabalho proposto é comparada com a análise do gráfico de barras dos métodos existentes.

6.9 CONCLUSÃO E TRABALHO FUTURO

Neste módulo, foi apresentado um sistema para a compressão de imagens e para a transmissão de imagens comprimidas sob a forma de pacotes de dados de tamanho superior ao das RSSF. A nova abordagem do método proposto baseia-se no algoritmo QTD com e sem perdas, com a intenção de comprimir a informação dos dados da imagem e esta informação deve ser transmitida por conjuntos de pacotes de tamanho imprevisível e analisando os parâmetros de processamento da imagem, tais como BPPs, CR, PSNR, MSE no bloco de compressão e os parâmetros de rede, tais como débito, perdas de pacotes, rácio de entrega de pacotes e energia, são analisados no bloco RSSF. Neste caso, o tamanho da imagem é 180 × 180 e o tipo de compressão é sem perdas, com um rácio de 1,33, e também são analisados vários parâmetros relacionados com o processamento de imagens, representados na tabela 6.4. A tabela 6.5 mostra os vários parâmetros medidos através da RSSF após o processo de compressão. Nesta tabela, podemos obter uma taxa de transferência elevada e uma baixa queda de pacotes em comparação com os módulos existentes.

O âmbito futuro de estudos futuros centrar-se-á no desenvolvimento de um outro esquema de compressão para outro conceito de rede baseado na melhoria do rácio de compressão e na redução das perdas de pacotes.

CAPÍTULO 7

SISTEMA DE COMPRESSÃO DE IMAGEM SEM PERDAS RÁPIDO E EFICIENTE BASEADO EM VLSI

7.1 INTRODUÇÃO

A compressão é útil porque reduz os recursos dispendiosos e a dimensão do espaço de armazenamento e, posteriormente, a largura de banda de transmissão. No sistema de imagem digital, o elemento pixel é o elemento de informação mais pequeno. A quantidade de cada pixel é variável para o processamento de imagens a cores. Normalmente, existem três componentes de cor principais, como o vermelho, o verde e o azul. Nesta compressão de imagem sem perdas, são utilizados principalmente dois algoritmos, nomeadamente o Código Binário Ajustado Simplificado (SABC) e o Código de Arroz de Glóbulos Fixos (FGRC). O algoritmo SABC é utilizado para minimizar o número de operações aritméticas e, em seguida, o algoritmo FGRC é utilizado para eliminar a necessidade de dados do sistema existente.

Neste módulo, a ferramenta de hardware utilizada é o processador dual core e a ferramenta de software é o sistema operativo Windows e o kit de ferramentas é o MATLAB 7.8 e o Model SIM 6.5.

7.2 MÉTODOS EXISTENTES

Os métodos existentes baseados neste módulo são o fluxo de codificação complexo no ABC e a dependência de dados, pelo que se modificaram estes algoritmos para um ABC simplificado. A utilização deste algoritmo SABC reduz o número de processos matemáticos e melhora a velocidade de processamento do sistema. O outro modelo existente relacionado com esta técnica é o algoritmo GRC variável que é melhorado para o algoritmo FGRC e é utilizado para remover a dependência de dados dos valores de armazenamento do pixel anterior para o pixel seguinte. Por conseguinte, o espaço de armazenamento é minimizado e a velocidade de processamento pode ser melhorada. Em Gbit/s, as técnicas de hardware de compressão de dados sem perdas necessitam de mais bits de armazenamento para o CR, especialmente quando se comprimem pacotes pequenos. Outro conceito do LOCO-I é uma baixa dificuldade do conceito de modelação de circunstâncias mundiais, correspondendo a sua secção de modelação a um componente de codificação simples. Neste método, o mais forte baseia-se na codificação matemática e o mais simples baseia-se num preditor permanente seguido de codificação Huffman.

7. 3SISTEMA PROPOSTO

7.3. 1Código Binário Ajustado Simplificado

A Tabela 7.1 mostra que o SABC, que indica os valores de amostra de P-L, mostra os valores de pixel do nível atual e do nível seguinte a codificar. Aqui, com indica a gama de valores de amostra possíveis a codificar para a representação digital. Os procedimentos de salto superior e inferior representam o número do limite superior e do limite inferior. Neste segmento, o salto inferior corresponde aos valores binários digitais e o limite superior corresponde ao valor da potência dos processos. Há quatro potências e valores possíveis indicados na forma simples de representação. Neste caso, o valor total do delta é igual a 4, e o intervalo do valor é igual a [0, 4]. Por conseguinte, o algoritmo SABC é utilizado para minimizar a operação matemática e melhorar a velocidade de processamento, sendo o número de bits necessário 2.

Tabela 7.1 Palavra-código do código binário ajustado simplificado

Sample of P-L	1	2	3	4
Codeword	00	01	10	11

7.3.2 Código fixo do arroz de Golomb

O algoritmo FGRC para o valor da potência e do alcance digital é a distribuição de probabilidade da taxa e da palavra de código eficiente. Neste caso, a intensidade é um valor de rácio de probabilidade elevado. Por conseguinte, o

FGRC é adotado tanto para a gama de potência como para a gama de valores digitais. O FGRC é utilizado para eliminar a dependência dos dados do pixel anterior e do pixel do valor de referência atual. Assim, a memória é reduzida, pelo que a velocidade de processamento será tão elevada quanto possível e todos os pormenores serão discutidos mais tarde.

7.3.3 Descrição pormenorizada do fluxo de codificação complexa orientada para VLSI em ABC

Tabela 7.2 Operação aritmética em código binário ajustado

Coding procedure	Pseudo Code	Arithmetic Operation	
		For each coding procedure	Total arithmetic operation
Parameter computatio n	Range = delta+1	1 add/sub	6 add/sub 2 shift 2 com
	Threshold = 2^{upper_bound}-range	1add/sub and 1 shift	
	Shift number = (range-threshold)/2	1add/sub and 1 shift	
Circular Rotation	x=x-shift_number	1 add/sub	
	if(x<0)	1 com	
	X = x + range	1 add/sub	
Code word Generation	if(x> = threshold)	1 com	
	X = x + threshold	1 add/sub	

O ABC está dividido em três procedimentos de codificação. O primeiro

O primeiro método é o cálculo de parâmetros, o segundo método é a rotação circular e o terceiro é o método de geração de palavras de código. O cálculo dos parâmetros gera o

parâmetros de codificação e a rotação circular desloca a amostra inferior ao limiar para a secção do ponto central e as restantes para ambas as secções laterais. Após a rotação circular, a geração da palavra de código adiciona o limiar à amostra que é melhor do que o limiar. O bit de salto inferior é atribuído às outras amostras na secção do ponto central. Como resultado, o comprimento da palavra de código de cada amostra é dependente da atribuição de probabilidade dentro do intervalo. Para criar um SABC, é adotado um modelo compacto de atribuição de verosimilhança para reduzir o processo matemático no ABC, sendo que o resíduo mais pequeno, inferior ao limiar, é atribuído a uma palavra-código mais curta e a palavra-código mais longa é atribuída ao restante, superior ao limiar. A rotação circular desloca a amostra inferior ao limiar para a secção central e as restantes para ambas as secções laterais. Após a rotação circular, a geração da palavra de código acrescenta um limiar à amostra que é melhor do que o limiar. O bit de salto inferior é atribuído às amostras anteriores na secção central. Simultaneamente, o comprimento da palavra de código de cada amostra depende da atribuição da probabilidade de alcance interior.

7.3.4 Dependência de dados

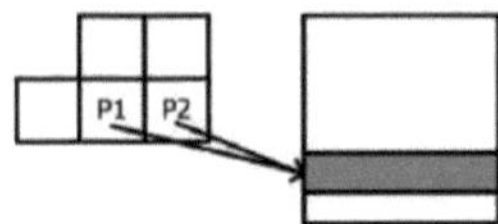

Figura 7.1 Pixéis consecutivos

A dependência de dados do pixel num processamento sequencial da tabela de acumulação é completamente actualizada pelo procedimento de codificação P1 e P2. No processamento paralelo, o procedimento de codificação P2 não pode ser realizado simultaneamente com o procedimento de codificação, dado que a tabela de acumulação é atualmente actualizada pelo processo de formação P1 e não está disponível para o processo de formação P2, como mostra a Figura 7.1. Embora a compressão rápida e eficiente da imagem seja um método simples e eficiente para a seleção do parâmetro k na GRC, também induz uma grande dependência de dados e limita o desempenho do hardware no processamento paralelo. Tanto P1 como P2 são codificados com GRC e mapeados para o mesmo valor delta na tabela de acumulação.

7.4 MOTIVAÇÃO

Os métodos existentes baseados neste módulo são o fluxo de codificação complexo no algoritmo ABC e GRC variável e, em seguida, a dependência de dados. Existem vários métodos possíveis e estes métodos podem ter custos de embalagem elevados, dimensão da área e consumo de energia também elevados quando comparados com o desempenho do novo algoritmo proposto.

O algoritmo proposto foi recentemente desenvolvido pelo SABC e pelo algoritmo FGRC. No SABC, é adotado um modelo compacto de distribuição de probabilidades para reduzir a operação aritmética no ABC. O cálculo do algoritmo FGRC gera os parâmetros de codificação, a rotação circular desloca a amostra inferior ao limiar para a secção central e as restantes para ambas as secções laterais. Após a rotação circular, a produção da palavra de código adiciona o limiar à amostra, que é melhor que o limiar, durante a secção lateral interna e codifica-a com um bit de salto maior. O bit de salto inferior é atribuído às outras amostras na secção do ponto central. Como resultado, o comprimento da palavra de código de cada amostra é consistente com a atribuição de probabilidade de dentro do intervalo.

7.5 OBJECTIVO

O objetivo deste módulo proposto é analisar o desempenho da arquitetura em comparação com os modelos existentes e melhorar a qualidade, a resolução e a progressividade dos componentes para uma compressão sem perdas, bem como diminuir o tamanho da imagem sem perder a qualidade da mesma. Para analisar os parâmetros de processamento da imagem e os parâmetros VLSI, como o tamanho da imagem, CR, BPP, MSE e o tamanho do bloco de pixels, são analisados os ciclos de relógio necessários, a potência, a taxa de processamento, o tempo de processamento, o tamanho da matriz e a área do processador.

7.6 DIAGRAMA DE BLOCOS PARA A ARQUITECTURA MODIFICADA

A figura 7.2 mostra o diagrama de blocos da arquitetura geral do sistema de compressão rápida e eficiente de imagens. Aqui, a imagem de entrada é dividida em píxeis e cada píxel é diretamente ligado ao modelo de previsão e, em seguida, o modelo de previsão é utilizado para criar píxeis de referência N1 e N2 para cada píxel de progresso. O módulo de processamento da intensidade identifica o módulo que deve ser determinado, SABC ou FGRC, para codificar o pixel atual para o processo seguinte. Neste caso, os valores dos pixéis são P-L para SABC e L-P-1 e PH-1 para FGRC.

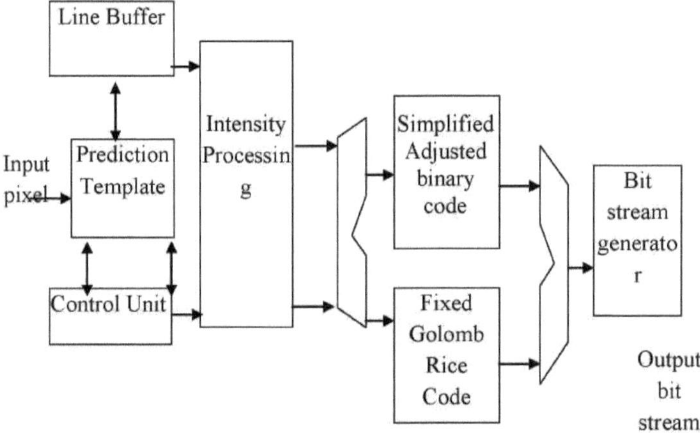

Figura 7.2 Diagrama de blocos da arquitetura modificada

7.6.1 Paralelismo de dois níveis

A linha com buffer de linha e coluna é utilizada para armazenar os pixels de orientação comparativa para cada progresso e valores de pixel subsequentes. A unidade de controlo de processamento é utilizada para comandar todas as programações de cada bloco, a fim de realizar todo o fluxo de codificação e, em seguida, o gerador de fluxo de bits é utilizado para os pacotes, que são transmitidos no código de comprimento variável em distância de bits permanente de ponta a ponta para transmissão através do ficheiro de cabeçalho. O fluxo de bits de saída recolhe todos os dados comprimidos no lado do destino.

Previous Row	N1	N2	N3	N4	N5	N6	N7	N8
Current Row	P1	P2	P3	P4	P5	P6	P7	P8

Figura 7.3 Programação de dados

7.6.2 Buffer de linha

O buffer de linha com o modo de processo é fazer com que os pixels de referência comparativos possam ser obtidos para cada pixel em progresso. Na orientação dos pixéis da linha anterior do buffer de linha e depois do pixel em curso dos valores de pixel da linha seguinte. Indica que o buffer de linha deve estar a efetuar operações de escrita e de leitura. O processo de RAM estática é transferido para o buffer de linha. Em geral, são utilizados dois line buffers, um par e outro ímpar. Para o desenvolvimento par e ímpar, o buffer de linha é capaz de efetuar operações de escrita e de leitura.

7.6.3 Algoritmo FELICS

A Figura 7.4 mostra a representação do caso do modelo de previsão no algoritmo de eficiência rápida, que tem quatro casos para todo o processo. Em todos os passos, analisámos todos os valores dos pixels actuais e de referência. O caso 1 mostra que P1 a P8 representa os pixels de referência e N1 a N8 representa os pixels actuais. O pixel atual e o pixel de referência estão ligados internamente numa operação de pingue-pongue com o pixel original. Nos casos 1 e 2, o valor da intensidade e os valores dos pixéis são valores. Do mesmo modo, os casos 3 e 4 mostram a associação entre os valores dos pixéis em curso e os valores dos pixéis de orientação de outra operação de pingue-pongue. Aqui, o valor de referência N1 a N8 e o valor atual do pixel P1 a P8 são representados como L e H. O caso 1 mostra que P1 e P2 estão em linha reta e são inseridos no fluxo de bits sem qualquer processo de codificação. No caso 2, para cada pixel em curso, ambos os pixéis de referência são derivados dos dois últimos pixéis actuais. Por exemplo, ambos os pixels de referência do pixel atual P5 são derivados dos últimos pixels actuais, P3 e P4. Da mesma forma, o pixel atual P5 é também considerado como o pixel de referência para os pixels actuais seguintes, P6 e P7. Isto indica que cada pixel de corrente pode ser reutilizado como pixel de referência para os dois pixels de corrente seguintes no caso 2.

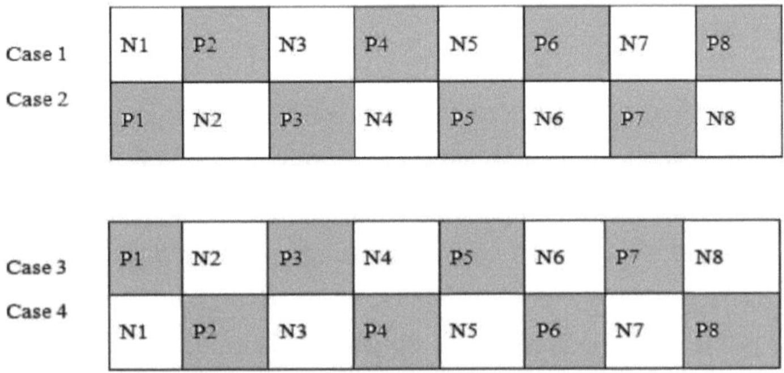

Figura 7.4 Símbolo de caso do algoritmo de modelo de previsão

1st row	P1	P2	P3	P4	P5	P6	P7	P8	P9	P10	P11	P12
2nd row	P13	P14	P15	P16	P17	P18	P19	P20	P21	P22	P23	P24
3rd row	P25	P26	P27	P28	P29	P30	P31	P32	P33	P34	P35	P36
4th row	P37	P38	P39	P40	P41	P42	P43	P44	P45	P46	P47	P48
5th row	P49	P50	P51	P52	P53	P54	P55	P56	P57	P58	P59	P60
6th row	P61	P62	P63	P64	....							

Figura 7.5 Tampão de linha de programação de dados

A figura 7.5 mostra que o desenvolvimento de dados para o buffer de linha para os dois primeiros pixels da primeira linha está numa linha empacotada em fluxo de bits sem qualquer procedimento de codificação e para dois pixels de referência, N1 e N2 para cada pixel em progresso. Finalmente, Low(L) torna-se o mínimo de (N1, N2) e High(H) torna-se o máximo de (N1, N2) e os padrões delta tornam-se = valores H-L. Assim, o resultado é aplicar SABC para P-L dentro da gama e FGRC para L-P-1 abaixo da gama e P-H-1 acima da gama.

7.6.4 Módulo do modelo de previsão

O módulo de modelo de previsão é responsável por tornar o pixel de orientação disponível para cada pixel em curso. O multiplexador é utilizado para mudar o caminho dos dados dos pixels actuais ou de referência em cada caso. O registo armazena cada pixel atual e de referência para o módulo de processamento de intensidade seguinte. O bit de sinal é utilizado para identificar qual o pixel de referência selecionado, H ou L. Uma vez obtidos H e L, o bit de sinal de H-P e P-L, o sinal H-P e o sinal P-L determinam o modo de codificação a selecionar.

7.6.5 Módulo de processamento da intensidade

O módulo de processamento da intensidade é utilizado para selecionar qualquer algoritmo. Aqui, a diferença entre N1 e N2 é obtida através de uma subtração e o seu bit de sinal é utilizado para identificar qual o pixel de referência que é H ou L. Uma vez obtidos H e L, o bit de sinal de H-P e P-L, Sign H-P e Sign P-L, pode ser explorado para determinar qual o modo de codificação a selecionar. Por conseguinte, H-P e P-L podem ser diretamente traduzidos em P-H-1 e L-P-1 através de um simples inversor e o P-L é também exatamente idêntico ao resíduo do SABC. Com H-P e P-L, não só o modo de codificação pode ser identificado para cada pixel atual, como também o resíduo de SABC e FGRC pode ser eficientemente obtido sem operações aritméticas de seleção complexas.

7.6.6 Código Binário Ajustado Simplificado

O módulo ABC simplificado divide-se em duas partes. A primeira parte é o gerador de parâmetros. Nesta secção, o delta derivado do módulo de processamento de intensidade gera informação de bit de limite superior e a gama é obtida com a gama, o limiar é copiado. O segundo módulo de código é o gerador de código, em que as palavras de código possíveis, incluindo P-L e P-L+Limiar, são selecionadas como símbolo de saída e P-L+Limiar é copiado para determinar a palavra de código possível que deve ser selecionada como símbolo de saída. Uma vez que a palavra de código de saída pode ser codificada com um salto melhor ou um salto menor, o gerador de bits bem sucedido indica o comprimento do código para a palavra de código de saída atual e este número de sequência é transmitido ao gerador de fluxo de bits.

7.6.7 Módulo fixo do código do arroz de Golomb

O comprimento total do código do FGRC é a soma do número de bits da parte unária e da parte binária. O módulo FGRC, gerador da parte unária, é responsável pela palavra de código da parte unária para um dado resíduo. Com base na seleção do parâmetro de armazenamento, o parâmetro k é diretamente fixado em 2. A parte binária pode ser diretamente derivada pelos k bits mínimos do resíduo. Se o resíduo for demasiado grande, o GRC continua a apresentar uma palavra de código menos eficiente. Por conseguinte, os dados restantes são comparados com o valor de recorte lógico. Se o resíduo for inferior ao valor de recorte, a GRC é aplicada. Caso contrário, o resíduo é diretamente ligado ao código de identificação para gerar a palavra de código de saída.

7.6.8 Gerador de fluxo de bits

O gerador de fluxo de bits é um adaptador entre a arquitetura proposta e as interfaces de ligação de transmissão externas. O principal objetivo do gerador de fluxo de bits consiste em empacotar cada palavra de código de saída num fluxo de bits com um código de prefixo e proporcionar um alinhamento do fluxo de bits de saída para se adaptar a uma largura de barramento dedicada. Para cada palavra de código, o código de prefixo é inserido no início da mesma e utilizado para identificar o modo de codificação adotado para essa palavra de código. O alinhamento do fluxo de bits recebe as palavras de código das fases anteriores e agrupa-as no fluxo de bits. Além disso, o comprimento da palavra de código fornece a informação para a concatenação da palavra de código com a largura de barramento dedicada. Ao mesmo tempo, o ponteiro da memória intermédia acumula o comprimento da palavra-código derivado da fase anterior para verificar o estado da memória intermédia do fluxo de bits. Quando os dados do fluxo de bits são retirados da memória intermédia do fluxo de bits, o ponteiro da memória intermédia é automaticamente atualizado. Se a memória intermédia do fluxo de bits estiver cheia, o ponteiro do fluxo de bits envia um sinal de sobrecarga para informar os sistemas externos do procedimento de proteção contra sobrecarga, como mostra a figura 7.6.

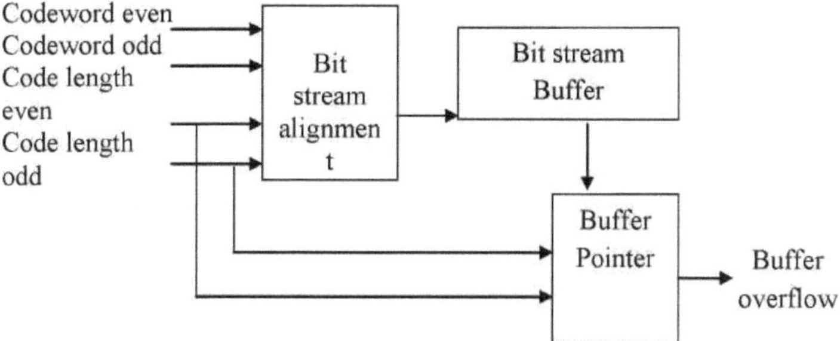

Figura 7.6 Arquitetura do gerador de fluxo de bits

7.7 IMPLEMENTAÇÕES DE SIMULAÇÃO NO MODELO SIM RESULTADOS E DISCUSSÃO

A Figura 7.7 mostra a imagem de entrada a cores com o valor de pixel de 640 x 480. Nesta fase, podemos selecionar qualquer tamanho de ficheiro de imagem como entrada. Aqui, a imagem de entrada é a imagem a cores baseada em RGB. Esta imagem de entrada é utilizada para o processo posterior de compressão da imagem e para a análise dos parâmetros baseados em VLSI.

A figura 7.8 mostra o resultado da conversão da imagem de entrada a cores numa imagem a cinzento com o valor de 640 × 480 píxeis. A figura 7.9 mostra que a imagem a cinzento é convertida numa imagem redimensionada ou comprimida. Assim, o tamanho da imagem pode ser reduzido. O tamanho da imagem redimensionada é 10 × 10. A imagem redimensionada é constituída por 100 píxeis (10 × 10).

Figura 7.7 Imagem de entrada com 640 × 480 píxeis

Figura 7.8 Imagem de nível de cinzento com 640 × 480 píxeis

Figura 7.9 Redimensionar imagem com pixel 10 × 10

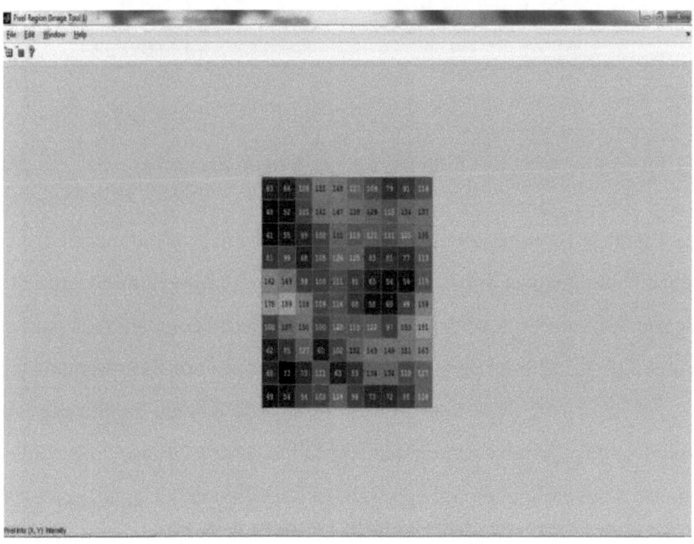

Figura 7.10 Valor de pixel de uma imagem

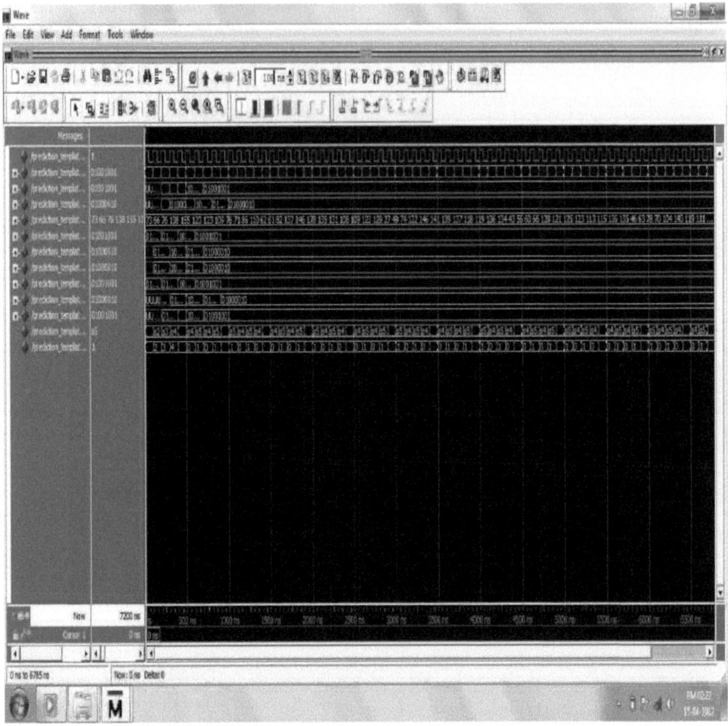

Figura 7.11 Forma de onda de saída para o modelo de previsão

A Figura 7.10 representa o valor de pixel da imagem redimensionada. Assim, o tamanho da imagem pode ser convertido em pixéis do valor do texto ou do valor binário. Os valores dos pixels são tomados e dados como entrada para o modelo de previsão. Cada valor de pixel da imagem comprimida é apresentado na Figura 7.11. A Figura 7.12 representa a onda de saída do modelo de previsão. A entrada do modelo de previsão é o valor de pixel da imagem de entrada de tamanho reorganizado e a saída do modelo de previsão baseia-se na potência, na área e na velocidade dos parâmetros. O modelo de previsão cria dois pixéis de referência N1 e N2 para cada pixel atual. Esta saída é dada como entrada para o processamento da intensidade.

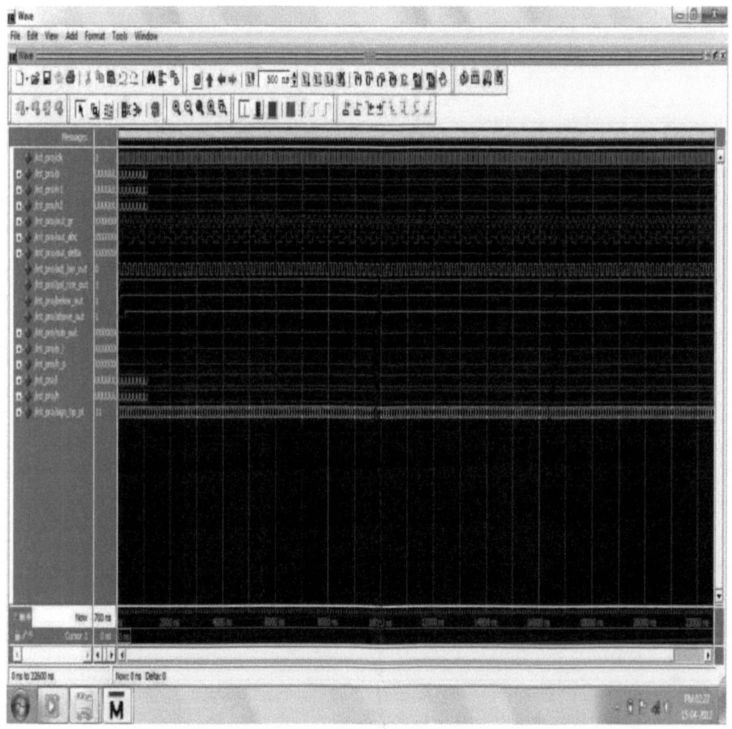

Figura 7.12 Forma de onda de saída para o processamento da intensidade

A Figura 7.13 representa a onda de saída do processamento de intensidade. A entrada do processamento de intensidade é a saída do modelo de previsão. Este identifica o modo de codificação que deve ser selecionado, ABC ou GRC, para codificar o pixel atual. A saída do processamento da intensidade baseia-se na potência, na área e na velocidade. A figura 7.14 representa a onda de saída do ABC simplificado. A entrada do ABC simplificado é a saída do processamento da intensidade. É adotado um modelo compacto de distribuição de probabilidades para reduzir a operação matemática no ABC. O resíduo menor que o limiar é atribuído a uma palavra de código mais curta e a palavra de código mais longa é atribuída ao resíduo maior que os valores limiares.

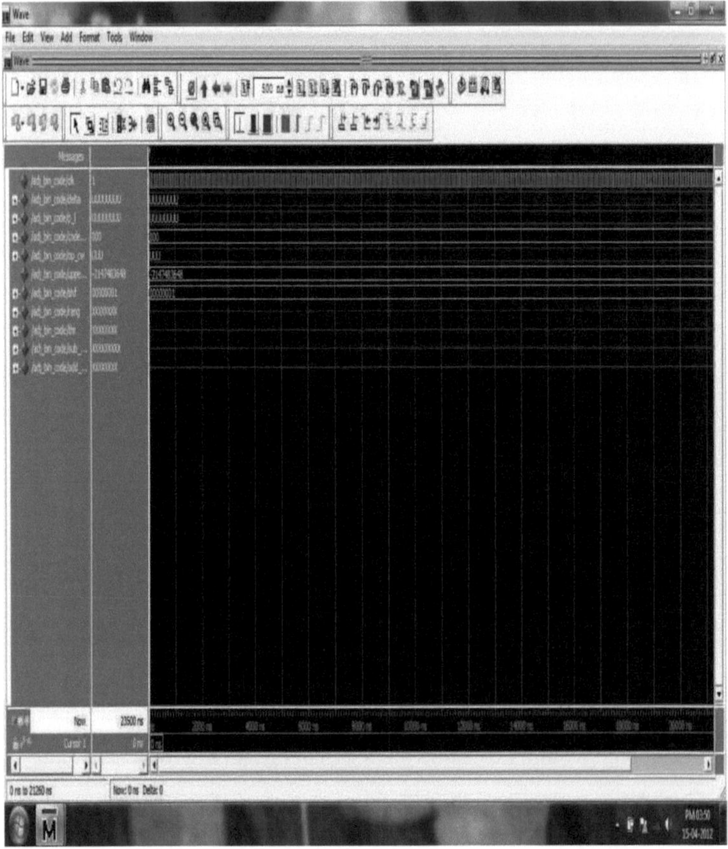

Figura 7.13 Forma de onda de saída para SABC

A figura 7.15 representa a forma de onda de saída para o parâmetro FGRC. A entrada do FGRC com parâmetro de armazenamento inferior a k é a saída do processamento da intensidade e a saída do FGRC com parâmetro de armazenamento inferior a k baseia-se na baixa potência, na pequena área e na alta velocidade. O FGRC é adotado para a gama superior e inferior com vários tipos de taxa de decaimento exponencial, a função de distribuição exponencial (EDF) pode ser adequadamente explorada para analisar o impacto na eficiência da codificação. A figura 7.16 representa a saída do gerador de fluxo de bits. A entrada do gerador de fluxo de bits é a saída do FGRC com o armazenamento de menos parâmetros k e a onda de saída para o código binário ajustado simplificado. Estes valores de entrada são convertidos na saída do gerador de fluxo de bits com base na baixa potência, pequena área e alta velocidade.

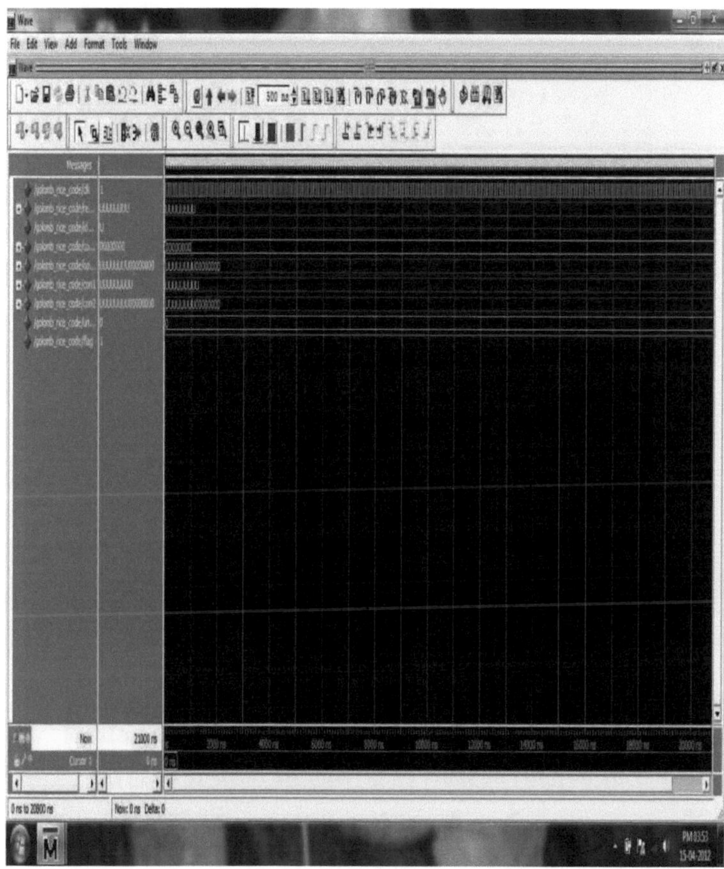

Figura 7.14 Forma de onda de saída para o FGRC

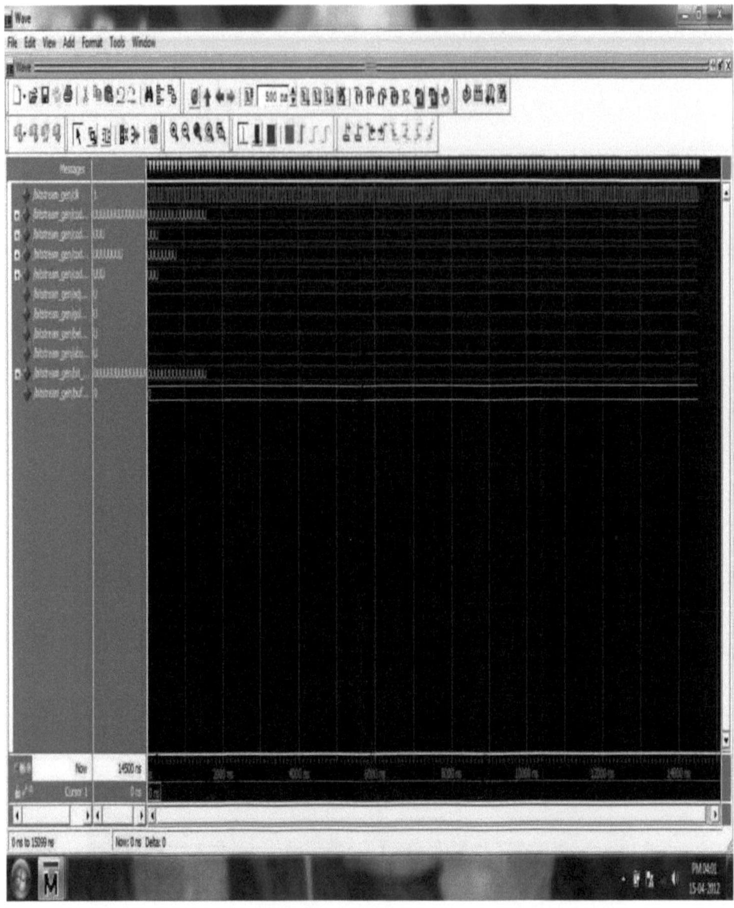

Figura 7.15 Forma de onda de saída do gerador de fluxo de bits

A figura 7.17 representa a onda de saída final do FELICS para a imagem de saída comprimida. A entrada da onda de saída FELICS é a saída do gerador de fluxo de bits. Estes valores de entrada são aplicados à onda de saída FELICS e esta é convertida em baixa potência, pequena área e alta velocidade. A palavra de código e o comprimento do código são retirados da onda de saída FELICS.

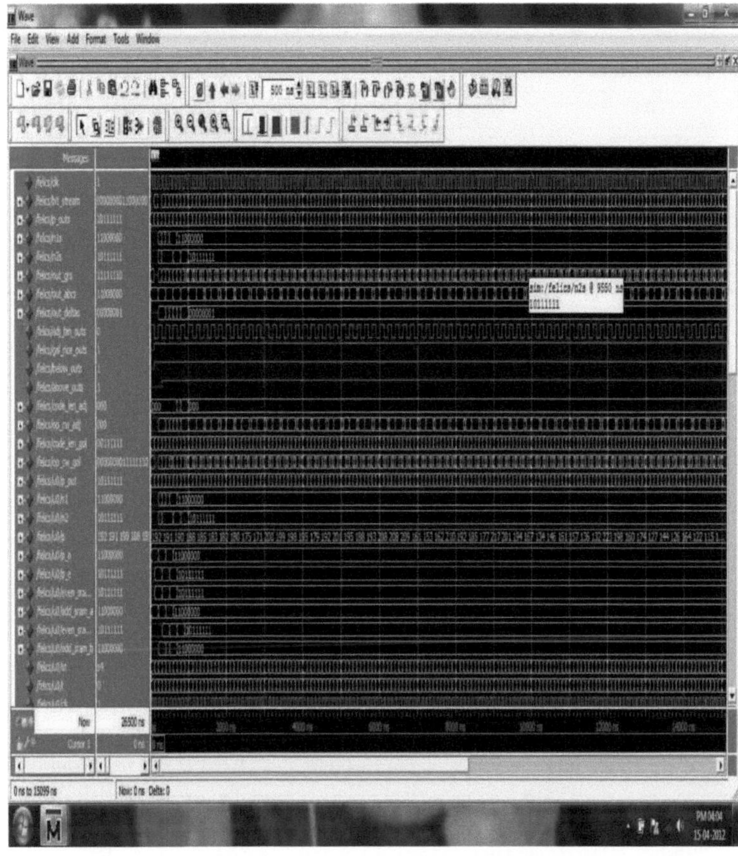

Figura 7.16 Forma de onda de saída do Fast Efficient

Quadro 7.3 Operação aritmética entre ABC e SABC

Arithmetic operation	Add/sub	com	shift	Total
Adjusted Binary Code	6	2	2	10
Simplified ABC	3	1	0	4

Tabela 7.4 Comparação de resultados com GRC e FGRC

Performance	No. of Cumulating Table	Data Dependency
GRC	4 × 256=1024	Available
FGRC	1 × 256=256	NA

A tabela 7.3 mostra o ABC simplificado, que reduz o total de operações matemáticas de 10 para 4, aumentando assim a velocidade de processamento do sistema. O módulo ABC existente é utilizado para obter a velocidade de processamento da operação matemática, que é de 10 números, mas utilizando os módulos SABC esta é reduzida para 4 números. A tabela 7.4 mostra a comparação dos resultados com o valor k variável e o valor k fixo do número de dados na tabela de acumulação para o parâmetro k variável é 1024. Já o número de dados para o parâmetro k fixo é de 256. Por conseguinte, a área também é reduzida. Finalmente, a dependência de dados existe no algoritmo FELIES normal, mas no algoritmo FELIES modificado orientado para VLSI a dependência de dados não existe.

Quadro 7.5 Resumo da conceção da unidade de identificação IC

Particulars	Available	Used	Utilization
Number of 4 input LUTs	13,824	203	1%
Number of occupied slices	13,824	83	1%
Number of bonded I/Os	97	47	48%
Number of Flip-Flops	18,672	67	7%
Number of Multi I/Os	16	1	6%
Number of Global clocks	8	1	11%
Number used as Latches	1,820	16	0.8%
Number of bonded IOBs	510	16	3 %

Neste domínio, a Tabela 7.5 descreve a identificação sumária da conceção da unidade de CI em vários parâmetros utilizados e disponíveis e as percentagens utilizadas são indicadas. A Tabela 7.6 mostra a tabela de especificações para a simulação do modelo SIM 6.5 de toda a etapa envolvida no processamento posterior. Aqui, informámos claramente toda a especificação, a frequência de funcionamento, o tempo de processamento, os registos, os detalhes da alimentação, a utilização de dispositivos e parâmetros e, finalmente, são indicados todos os valores medidos.

Quadro 7.6 Quadro de especificações

Sl. No	Contents	Specification
1	Processor	Model SIM 6.5
2	Power Supply	12 V
3	Current	1-1.3A
4	Serial port	UART
5	Parallel Port	JTAG
6	Image pixel size	640 × 480
7	Re size Image pixel	10 × 10
8	Clock Frequency	33.739 MHz
9	Minimum period	29.639ns
10	On chip Memory	8 KB
11	Off chip Memory	1 MB

Tabela 7.7 Análise do parâmetro de processamento de imagem

Sl. No	Parameter	Range/ Values
1	Image size	640 × 480
2	Compressed image size	10 × 10
3	Compression Type	Lossless
4	Compression Algorithm	Fast Efficient ABC & GRC
5	Pixel Block size	10 × 10
6	CR	4
7	BPP	1
8	PSNR values	40
9	MSE	0

Tabela 7.8 Análise do parâmetro VLSI

Sl. No	Parameter	Range/ Values
1	Number of processing time in Seconds	29.639 ns
2	Performance in terms of clock cycles.	41,94,304
3	Performance in terms of power	328 μW
4	Performance in terms of processing rate	11 cycles / pixels
5	Performance in terms of logic gates	2,121
6	Technology	0.5 μm
7	Array Size	512 × 512
8	Processor Area	0.36 mm^2
9	Number of Baud rate bit	9,600
10	Post processing Requirement	No
11	Maximum Frequency	33.739 MHz
12	Maximum combinational delay path	No path
13	Maximum output time required after clock	6.02 ns
14	Flip Flops	12

O desempenho da abordagem de compressão de imagem proposta é analisado no parâmetro de processamento de imagem na Tabela 7.7 e no parâmetro de análise VLSI na Tabela 7.8. No parâmetro de processamento da imagem, analisamos os vários parâmetros, como o algoritmo de compressão, o tamanho da imagem, o CR, o BPP, o MSE e o tamanho do bloco de píxeis. Na análise dos parâmetros VLSI, são analisados os ciclos de relógio necessários, a potência, a taxa de processamento, o tempo de processamento, o tamanho da matriz e a área do processador.

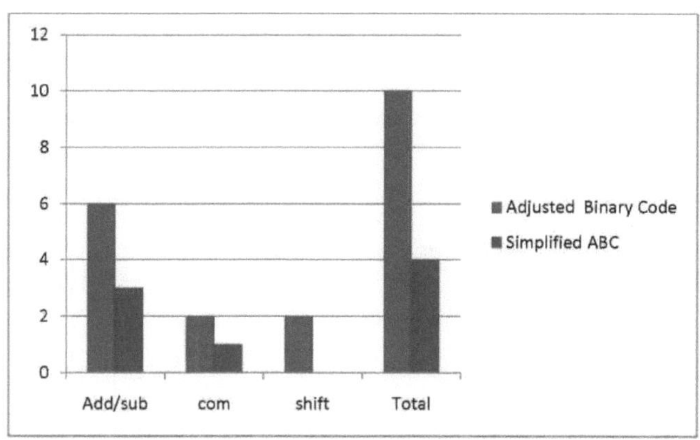

Figura 7.17 Análise comparativa do método atual e do método proposto

A figura 7.17 mostra a representação da análise comparativa do método existente e do método proposto. Nesta representação gráfica de barras, o método proposto, o método ABC simplificado, é comparado com os métodos ABC existentes. Quando o tamanho da imagem é alterado de um valor inferior para um valor superior, cada módulo demora mais tempo a concluir o processo. No mesmo conceito, podemos analisar os diferentes tamanhos de imagem, que demoram tempos diferentes na unidade de segundos. O número de ciclos de relógio varia consoante o tamanho das imagens de entrada. Quando o tamanho da imagem de entrada é maior, a abordagem necessita de um maior número de ciclos de relógio para executar o processo. Mas a potência não varia consoante as imagens ou os tamanhos das imagens. Do mesmo modo, a taxa de processamento de cada módulo fornece resultados semelhantes.

7.8 CONCLUSÃO E TRABALHO FUTURO

Assim, o algoritmo SABC é utilizado para minimizar o número de operações matemáticas e melhorar a elevada velocidade de processamento do sistema. Estes métodos acima referidos são utilizados para reduzir o número total de operações matemáticas de 10 para 4. O módulo ABC existente é utilizado para obter uma velocidade de processamento de operações matemáticas de 10 números, mas utilizando os módulos SABC a sua velocidade é reduzida para 4 números.

Assim, o algoritmo FGRC é utilizado para eliminar a dependência dos dados e as informações de armazenamento suplementares, pelo que o espaço em disco pode ser reduzido e a potência também. O algoritmo FGRC acima referido é utilizado para a acumulação de dados de 256, enquanto o número de dados na tabela de acumulação para o parâmetro variável k é de 1024.

O aperfeiçoamento desta técnica é aplicado por algumas outras técnicas de compressão e o desempenho de vários parâmetros é melhorado.

CAPÍTULO 8

ANÁLISE COMPARATIVA DE TODOS OS MÓDULOS

8.1 INTRODUÇÃO

Este capítulo aborda os pormenores da análise comparativa dos parâmetros de processamento da imagem e da análise comparativa dos parâmetros VLSI e trata da análise comparativa de todos os capítulos ou módulos acima referidos. Neste capítulo de análise comparativa, são apresentados os pormenores sobre os métodos, algoritmos, técnicas e, em seguida, o software utilizado nestas técnicas e também são analisados os parâmetros.

8.2 ANÁLISE COMPARATIVA DO TRATAMENTO DE IMAGENS PARÂMETRO

Tabela 8.1 Análise comparativa do parâmetro de processamento de imagem

Sl. No	Modules	Parameter	Values
1	VLSI Implementation & Analysis of Block Based Compression Algorithms.	Image size	512 × 512
		Compression Type	Lossless
		CR	0.041669
		Compression Algorithm	BBC Algorithm
		PSNR	42.8343
		MSE	0
		BPP	1.0001
		Pixel block size	4 × 4

Quadro 8.1 (continuação)

Sl. No	Modules	Parameter	Values
2	FPGA Implementation of Image Compression and Retrieval.	Image size	512 × 512
		Compression Type	Lossless
		CR	4
		Compression Algorithm	FPGA based DWT & SPIHT Code Algorithm
		PSNR	40
		MSE	0
		BPP	1
		Pixel block size	4 × 4
3	Fast Efficient Satellite Image Compression and Decompression.	Image size	523 × 583
		Compression Type	Lossless
		CR	12.5
		Compression Algorithm	Fast Efficient WBA
		PSNR	Infinite
		MSE	0
		BPP	1
		Pixel block size	8 × 8
4	QTD Analysis of Compressed Image Data Communication for Lossless.	Image size	180 × 180
		Compression Type	Lossless
		CR	1.3303
		Compression Algorithm	QTD Algorithm
		PSNR	Infinity
		MSE	0
		BPP	18.0412
		Pixel block size	4 × 4
5	VLSI based Fast Efficient Lossless Image Compression System.	Image size	640 × 480
		Compression Type	Lossless
		CR	4
		Compression Algorithm	Fast Efficient ABC&GRC
		PSNR	40
		MSE	0
		BPP	1
		Pixel block size	4 × 4

8.3 ANÁLISE COMPARATIVA DO PARÂMETRO VLSI

Tabela 8.2 Análise comparativa do parâmetro VLSI

Sl. No	Modules	Parameter	Values
1	VLSI Implementation & Analysis of Block Based Compression Algorithms.	Number of processing time in Seconds	4.1943 s
		Performance in terms of clock cycles.	41,94,304
		Performance in terms of power	328 μW
		Performance in terms of processing rate	11 cycles / pixels
		Performance in terms of logic gates	362
		Technology	0.35 μm
		Array Size	512 × 512
		Processor Area	1.8 mm^2
		Number of Baud rate bit	9600
		Post processing Requirement	No
		Maximum Frequency	50 MHz
		Maximum output time after clock	1.002 s
		Maximum combinational delay path	No path
		IOB Flip Flops	2,194
		Number of 4 input LUTs	75
		Number of occupied slices	39
2	FPGA Implementation of Image Compression and Retrieval.	Number of processing time in Seconds	4.19 s
		Performance in terms of clock cycles.	4194304
		Performance in terms of power	328 μW
		Performance in terms of processing rate	11 cycles / pixels
		Performance in terms of logic gates	41,94,304
		Technology	0.35 μm
		Array Size	512 × 512
		Processor Area	0.36 mm^2
		Number of Baud rate bit	9,600
		Post processing Requirement	No
		Maximum Frequency	50 MHz
		Maximum output time after clock	1s
		Maximum combinational delay path	No path
		IOB Flip Flops	5,520
		Number of 4 input LUTs	4,037
		Number of occupied slices	3,274

Quadro 8.2 (continuação)

Sl. No	Modules	Parameter	Values
3	VLSI based Fast Efficient Lossless Image Compression System.	Number of processing time in Seconds	29.639 ns
		Performance in terms of clock cycles.	41,94,304
		Performance in terms of power	328 μW
		Performance in terms of processing rate	11 cycles / pixels
		Performance in terms of logic gates	2121
		Technology	0.35 μm
		Array Size	512 × 512
		Processor Area	0.36 mm^2
		Number of Baud rate bit	9,600
		Post processing Requirement	No
		Maximum Frequency	33.739 MHz
		Maximum output time after clock	6.02 ns
		Maximum combinational delay path	No path
		Flip Flops	12
		Number of 4 input LUTs	203
		Number of occupied slices	83

8.4 ANÁLISE COMPARATIVA DE TODOS OS CAPÍTULOS

Quadro 8.3 Análise comparativa de todos os capítulos

Sl. No	Methods/ Techniques	Algorithms Used	Parameters Analyzed	Existing Methods Involved	Proposed Methods Derived	Tools Used
1	VLSI Implementation & Analysis of BBC Algorithms.	BBC Algorithms.	PSNR, CR, MSE, BPP, Pixel, Time, Area, Speed & Power.	WBC, JPEG, DCT.	Fast Efficient BBC Algorithms.	Dual core processor, Windows 7 OS, MATLAB 7.8, FPGA Spartan3 EDK kit.

Quadro 8.3 (continuação)

Sl. No	Methods/ Techniques	Algorithms Used	Parameters Analyzed	Existing Methods Involved	Proposed Methods Derived	Tools Used
2	FPGA Implementation of Image Compression and Retrieval.	FPGA Based DWT and SPIHT Code Algorithm.	PSNR, CR, MSE, BPP, Pixel, Time, Area, Speed & Power.	Wavelet transform, JPEG, DCT, DFT, EZW.	FPGA Implementation Based DWT and SPIHT Code Algorithm.	Dual core processor, Windows 7 OS, MATLAB 7.8, FPGA Spartan3 EDK kit & VB.
3	Fast Efficient Satellite Image Compression and Decompression.	Fast Efficient WBA.	Pixel, PSNR, CR, MSE, BPP, Filter values.	Compression Models, JPEG Encoder /Decoder, AZTEC, PPM,LPM.	Fast Efficient Satellite Image Compression and Decompression for WBA.	Dual core processor, Windows 7 OS, MATLAB 7.8.
4	QTD Analysis of Compressed Image Data Communication for Lossless image.	QTD Algorithm.	Pixel, PSNR, CR, MSE, BPP, Throughput, Energy consumption, Packet drop, PDR.	Fourier Transform, DFT, Discrete Cosine, DWT, Artificial NN.	WSN based QTD Algorithm Analysis.	Dual core processor, Windows 7 OS, MATLAB 7.8 & Network Simulator 2.
5	VLSI based Fast Efficient Lossless Image Compression System.	Fast Efficient SABC & FGRC Algorithm.	PSNR, CR, MSE, BPP, Pixel, Time, Area, Speed & Power.	Complex coding flow in ABC, Variable *K* parameter in GRC and Data dependency.	VLSI Based Fast Efficient ABC and Fixed *K* parameter in GRC.	Dual core processor, Windows 7 OS, MATLAB 7.8, Model SIM 6.5.

A Tabela 8.1 apresenta a análise comparativa da discussão dos valores dos parâmetros de processamento de imagem. Aqui, são discutidos todos os parâmetros do algoritmo de compressão de imagem acima referidos. O quadro 8.2 apresenta a análise comparativa da discussão dos valores dos parâmetros VLSI. Aqui, são analisadas todas as técnicas VLSI e os parâmetros de análise acima referidos. A Tabela 8.3 mostra a análise comparativa de todos os módulos anteriores em discussão. Aqui, são analisados o software, o algoritmo utilizado, as ferramentas utilizadas e os parâmetros de análise.

8.5COMPARAÇÃO DOS MÓDULOS EXISTENTES E PROPOSTOS DOS PARÂMETROS DE PROCESSAMENTO DE IMAGEM

Tabela 8.4 Comparações dos parâmetros de processamento de imagem com os módulos existentes e propostos

Modules / Parameter	VLSI Implementation & Analysis of BBC Algorithms.	FPGA Implementation of Image Compression and Retrieval.	Fast Efficient Satellite Image Compression and Decompression	QTD Analysis of Compressed Image Data Communication for Lossless image.	VLSI based Fast Efficient Lossless Image Compression System.
Image size	512 × 512	512 × 512	523 × 583	180 × 180	640 × 480
Compression Type	Lossless	Lossless	Lossless	Lossless	Lossless
CR	0.041669	4	12.5	1.3303	4
Compression Algorithm	BBC Algorithm	FPGA based DWT & SPIHT Code Algorithm	Fast Efficient WBA	QTD Algorithm	Fast Efficient ABC&GRC
PSNR	42.8343	40	Infinite	Infinity	40
MSE	0	0	0	0	0
BPP	1.0001	1	1	18.0412	1
Pixel block size	4 × 4	4 × 4	8 × 8	4 × 4	4 × 4

8.6COMPARAÇÃO DOS MÓDULOS EXISTENTES E PROPOSTOS DE PARÂMETROS VLSI

Tabela 8.5 Comparações dos parâmetros VLSI com os módulos existentes e propostos

Modules / Parameters	VLSI Implementation & Analysis of BBC Algorithms.	FPGA Implementation of Image Compression and Retrieval.	VLSI based Fast Efficient Lossless Image Compression System.
Number of processing time in Seconds	4.1943 s	4.19 s	29.639 ns
Performance in terms of clock cycles.	41,94,304	41,94,304	41,94,304
Performance in terms of power	328 µW	328 µW	328 µW
Performance in terms of processing rate	11 cycles / pixels	11 cycles / pixels	11 cycles / pixels
Performance in terms of logic gates	362	41,94,304	2,121
Technology	0.35 µm	0.35 µm	0.35 µm
Array Size	512 x 512	512 x 512	512 x 512
Processor Area	1.8 mm^2	0.36 mm^2	0.36 mm^2
Number of Baud rate bit	9,600	9,600	9,600
Post processing Requirement	No	No	No
Maximum Frequency	50 MHz	50 MHz	33.739MHz
Maximum output time after clock	1.002 s	1 s	6.02 ns
Maximum combinational delay path	No path	No path	No path
Flip Flops	2,194	5,520	12
Number of 4 input LUTs	75	4,037	203
Number of occupied slices	39	3,274	83

8.7 CONCLUSÃO E TRABALHO FUTURO

Neste capítulo, são apresentados os pormenores relativos ao trabalho futuro da minha investigação. Assim, a conclusão do capítulo de análise comparativa aborda todos os pormenores sobre a utilização de métodos, algoritmos, técnicas e, em seguida, o software utilizado nestas técnicas e analisa igualmente os vários parâmetros. Por fim, são discutidos os pormenores sobre o trabalho futuro do módulo de investigação com modificações adicionais.

CAPÍTULO 9

RESUMO E CONCLUSÕES

9.1 RESUMO

Este capítulo de síntese e conclusão resume todos os capítulos e a discussão. O Capítulo 1 trata da introdução à visão geral do processamento de imagem e da estrutura das técnicas VLSI e também este capítulo trata dos métodos existentes ou dos algoritmos existentes e da forma como são modificados e introduziu um novo conceito para modificar os métodos propostos ou os algoritmos propostos. Com base no método proposto, são discutidos o conceito e os pormenores e também são analisados a motivação e o objetivo da minha investigação e, em seguida, é discutida a organização da tese em todos os capítulos.

O capítulo 2 trata da panorâmica dos métodos existentes relacionados com o meu trabalho de investigação. Neste capítulo, discutimos brevemente os métodos existentes ou a pesquisa bibliográfica no meu trabalho de investigação e analisámos a compressão baseada no processamento digital de imagens, especialmente na compressão de imagens sem perdas, e estas imagens comprimidas são recuperadas e analisados os parâmetros de processamento de imagens com base nos vários algoritmos. Estes dados ou imagens comprimidos são implementados e analisada a visão geral dos parâmetros de implementação VLSI baseados em simulação, como a área, a velocidade e a potência.

O Capítulo 3 trata de um dos meus módulos de investigação, a implementação VLSI e a análise de algoritmos BBC. No esquema de codificação diferencial baseado no algoritmo BBC, utiliza-se o número compacto de bits à medida que a gama ativa é comprimida. O algoritmo BBC é utilizado para eliminar a redundância espacial. A qualidade da imagem aumenta ainda mais e requer menos espaço de memória. Isto melhora o valor PSNR e o valor BPP é reduzido. Assim, o aumento do PSNR e a diminuição dos valores BPP resultarão numa melhor qualidade da imagem e também na análise de vários processamentos de imagens digitais. Finalmente, os módulos foram implementados pelo software HDL ativo. Analisámos o desempenho de cada módulo utilizando parâmetros como a porta necessária, os ciclos de relógio necessários, a potência, a taxa de processamento e o tempo de processamento.

O capítulo 4 trata do módulo, da implementação FPGA da compressão e recuperação de imagens utilizando o código DWT e SPIHT. Numa implementação FPGA eficiente do algoritmo SPIHT, está a ser utilizado para a compressão de imagens. Utiliza a redundância intrínseca no meio dos coeficientes de wavelet e é compatível tanto com imagens a cinzento como a cores. Utilizando os valores de pixel de uma imagem de entrada, a imagem é decomposta em quatro sub-bandas diferentes utilizando a DWT. Em seguida, a imagem decomposta é comprimida utilizando o código SPIHT. A imagem comprimida assim obtida é implementada utilizando FPGA. Isto faz do SPIHT um algoritmo mais adequado para a implementação em hardware.

O capítulo 5 trata do módulo, compressão e descompressão rápida e eficiente de imagens de satélite para WBA. Nos últimos anos, a comunicação por satélite tem vindo a crescer devido à expansão de técnicas rápidas e eficientes para os processos de armazenamento e transmissão de imagens de satélite. O conhecimento baseado na compressão de imagens, que consiste em reduzir o número de bits necessários para representar a imagem, é designado por processo de compressão de imagens. O objetivo deste módulo é diminuir o tamanho da imagem e depois transmitir a imagem original. Assim, o tamanho reduzido da imagem é designado por imagem comprimida. Ao reduzir o processo de armazenamento necessário para poupar largura de banda para a transmitir e também o espaço em disco, o tempo de transmissão necessário é reduzido.

O capítulo 6 trata do módulo, análise baseada em QTD da comunicação de dados de imagens comprimidas com e sem perdas utilizando RSSF. A QTD pode ser aplicada através de duas abordagens alternativas: a primeira é a decomposição de baixo para cima e a segunda é a decomposição de cima para baixo. A QTD tem sido amplamente utilizada devido à sua baixa dificuldade e ao seu potencial de controlo da compressão. Os parâmetros que devem ser analisados durante a compressão são CR, PSNR, BPP e MSE. Os parâmetros a analisar durante a transmissão da imagem através da rede de sensores sem fios são a taxa de transferência, o atraso, a perda de pacotes e o tempo de transmissão.

O capítulo 7 trata do módulo, sistema de compressão de imagem sem perdas, rápido e eficiente, baseado em VLSI, para o algoritmo SABC e FGRC. O algoritmo SABC é utilizado para diminuir a quantidade de processos matemáticos e também para melhorar a velocidade de processamento do sistema. O valor fixo no algoritmo GRC é utilizado para remover a dependência de dados e o valor de armazenamento extra para a construção. Utilizando estas técnicas, podemos analisar vários parâmetros relacionados com o processamento de imagens e os parâmetros VLSI.

O capítulo 8 trata da análise comparativa de todos os módulos anteriores. Neste capítulo, os pormenores sobre a análise comparativa dos parâmetros de processamento da imagem e a análise comparativa dos parâmetros VLSI são discutidos em pormenor e é apresentada a análise comparativa de todos os capítulos e módulos anteriores. Neste capítulo de análise comparativa, são apresentados todos os pormenores sobre os métodos de utilização, os algoritmos, a técnica e, em seguida, o software utilizado nesta técnica e também a análise dos vários parâmetros.

9.2 CONCLUSÃO E DIRECÇÕES FUTURAS

Na conclusão e no trabalho futuro, é discutido todo o módulo da técnica de investigação. A conclusão do algoritmo BBC baseia-se na conceção da codificação diferencial, que é utilizada para diminuir o número de bits à medida que a gama ativa é comprimida. O algoritmo BBC é utilizado para eliminar a redundância espacial. A qualidade da imagem aumenta ainda mais, requer menos espaço de memória e também melhora o valor PSNR. O valor BPP é reduzido. Assim o aumento do PSNR e a diminuição dos valores de BPP resultarão numa melhor qualidade da imagem. Por último, foram implementados os módulos e analisado o desempenho de cada módulo utilizando parâmetros como a porta necessária, os ciclos de relógio necessários, a potência, a taxa de processamento e o tempo de processamento. Além disso, é discutida a análise de desempenho da arquitetura proposta com três imagens de diferentes tamanhos (256 × 256, 512 × 512 e 1024 × 1024). Da análise relativa aos módulos anteriores, conclui-se que o método proposto oferece um bom desempenho em termos de eficiência energética correspondente a 12,2 m W/chip.

Foi apresentada a conclusão do algoritmo SPIHT que funciona através do SPIHT e realiza completamente a codificação no domínio VLSI. A realização deste princípio correspondeu ao algoritmo de codificação e descodificação, que é novo e demonstrou ser mais eficaz do que na implementação anterior do algoritmo EZW. Os resultados deste algoritmo de codificação, com a sua rápida execução, são tão impressionantes que são utilizados para normalização em futuros sistemas de compressão de imagem. Finalmente, e de acordo com o que sabemos, o algoritmo de codificação DWT e SPIHT rápido e eficiente é o primeiro esquema de implementação e recuperação proposto no processamento de imagens. Em termos de velocidade de processamento e de memória, atinge um desempenho muito elevado.

No WBA, para reduzir o armazenamento é necessário poupar a largura de banda necessária para o transmitir e também o espaço em disco, o tempo de transmissão necessário é reduzido. Ao aplicar o algoritmo WBA, obtém-se finalmente um RC de 8:1 e 80% da informação está disponível na imagem reconstruída, em comparação com a imagem original. O nível de percentagem da taxa de compressão é de 12,5. Em comparação com todas as técnicas anteriores, este método é o melhor. Assim, foi apresentada a conclusão do algoritmo QTD sem perdas, a compressão da imagem e a transmissão da imagem comprimida sob a forma de pacotes de dados de informação maiores do que a WSN. A nova abordagem do método proposto baseia-se no algoritmo QTD com e sem perdas que comprime a informação dos dados da imagem e esta informação deve ser transmitida através de conjuntos de pacotes de tamanho variável e analisando os parâmetros de processamento da imagem, tais como BPPs, CR, PSNR, MSE no bloco de compressão e os parâmetros de rede, tais como débito, perdas de pacotes, rácio de entrega de pacotes e energia, são analisados no bloco RSSF. Neste caso, o tamanho da imagem é 180 × 180 e o tipo de compressão é sem perdas, com um rácio de 1,33, sendo também analisados vários parâmetros e os parâmetros da RSSF são atingidos com um débito elevado e uma baixa perda de pacotes, em comparação com os módulos existentes.

Assim, o algoritmo SABC é utilizado para minimizar o número de processos matemáticos e melhorar a velocidade de processamento do sistema. Estes métodos acima referidos são utilizados para reduzir o número total de operações matemáticas de 10 para 4. Os módulos ABC existentes são utilizados para obter uma velocidade de processamento de operações matemáticas de 10 números, mas utilizando módulos SABC esta é reduzida para 4 números. Assim, o algoritmo FGRC é utilizado para eliminar a dependência dos dados e as informações de armazenamento suplementares, pelo que o espaço em disco pode ser reduzido e a potência também. O algoritmo FGRC acima referido é utilizado para acumular 256 dados, enquanto o número de dados para o módulo GRC é 1024.

Aqui, com a futura modificação desta pesquisa, são oferecidos detalhes relacionados. O esquema global planeado foi aplicado a várias tentativas, o que prova a boa organização da futura modificação. Os estudos futuros centrar-se-ão no desenvolvimento de um novo algoritmo de compressão e na melhoria da taxa de compressão, bem como na diminuição das perdas. São obtidos mais melhoramentos do sistema proposto com tamanho reduzido para a transmissão e é efectuada a minimização da área. As melhorias adicionais do sistema proposto reduzirão a imagem comprimida, sendo assim implementadas utilizando o kit FPGA e analisando os parâmetros VLSI, como a área, a velocidade e a potência, e também este método pode ser implementado com paralelismo multinível.

REFERÊNCIAS

1. Akter, M, Reaz, MBI, Mohd-Yasin, F & Choong, F 2008, 'A modified SPIHT algorithm for real-time compression', Journal of Communication Technology Electronics, vol. 53, no. 6, pp.642-650.

2. Akyildiz, IF, Su, W, Sankarasubramamian, Y & Cayirci, E 2002, 'WSN: a survey', ComputerNetworks vol.38, no.4, pp.393-422.

3. Amine Bermak & Milin Zhang 2010, "Compressive Acquisition CMOS Image Sensor: From the Algorithm to Hardware Implementation", IEEE transactions on Very Large Scale Integration (VLSI) systems, vol. 18, no. 3, pp.490-500.

4. An, C & Wang, S 2008, 'Recursive algorithm, architectures and FPGA implementation of the two dimensional discrete cosine transform', IET Image Processing, vol. 2, pp. 286-294.

5. Andra, K, Chakrabarti, C & Acharya, T 2002, "A VLSI Architecture for Lifting Based Forward and Inverse Wavelet Transform", IEEE Transaction Signal Process, vol. 50, no. 4, pp. 966-977.

6. Annadurai, S & Shanmugalakshmi, R 2007, "Fundamental of Digital Image Processing", Pearson Education.

7. Ansari, MA & Ananda, RS 2009, 'Context based medical image compression for ultrasound images with contextual SPIHT algorithm', Advance Engineering Software, vol. 40, no. 7, pp. 487-496.

8. Artyomov, E & Yadid-Pecht, O 2006, "Adaptive Multiple Resolution CMOS Active Pixel Sensor", IEEE Transaction on Circuits System I: Regular Papers, vol. 53, no. 10, pp. 2178-2186.

9. Bhuyan, M, Amin, N, Madesa, M & Islam, M 2007, "FPGA Realization of Lifting Based Forward DWT for JPEG 2000", International Journal of Circuits, Systems and Signal Processing, vol. 1, no. 2, pp. 124-129.

10. Boliek, M, Gormish, MJ, Schwartz, EL & Keith, A 1997, 'Next Generation Image Compression and Manipulation using CREW', Proc. IEEE ICIP, vol. 3, pp. 39-47.

11. Calderbank, RC, Daubechies, I, Sweldens, W & Yeo, BL 1998, 'Wavelet Transforms that Map Integers to Integers', Applied and Computational Harmonic Analysis (ACHA), vol. 5, no. 3, pp. 332-369.

12. Cao, B, Li, YS & Liu, K 2004, 'VLSI architecture of MQ encoder in JPEG2000', Journal of Xidian Xuebao, vol. 31, no. 5, pp. 714-718.

13. Carlson, BS 2002, "Comparison of modern CCD and CMOS image sensor technologies and systems for low resolution imaging", em IEEE Proc.Sens., vol.1, pp.171-176.

14. Chan, YT 1995, "Wavelet Basics", Kluwer Academic Publishers, Norwell, MA.

15. Chen, P 2004, "VLSI implementation for one Dimensional multilevel lifting based wavelet transform", IEEE Trans. on Computers, vol. 53, no. 4, pp. 386-398.

16. Chen, TC, Chien. SY, Huang, YW, Tsai, CH, Chen, CY, Chen, TW & Chen, LG 2006, 'Analysis and architecture design of an HDTV 720p 30 frames/s H.264/AVC encoder', IEEE Trans. Circuit Syst. Video Technol, vol. 61, no. 6, pp. 673-688.

17. Cheng, CC, Tseng, PC, Haung, CT & Chen, LG 2005, "Multi-mode embedded compression codec engine for power aware video coding system", in Proc. IEEE workshop. Signal Process. Syst., pp. 532-537.

18. Chenwei Deng & Weisi Lin 2012, "Content based Image Compression for Arbitrary-Resolution Display Devices", IEEE transactions on multimedia, vol.14, no. 4, pp.1127-1139.

19. Chien, SY, Huang, YW, Chen, CY, Chen, HH & Chen, LG 2005, "Hardware architecture design of video compression for multimedia communication systems", IEEE Commun. Mag., vol.43, no. 8, pp.123131.

20. Chien-Wen Chen, Tsung-Ching Lin, Shi-Huang Chen & Trieu-Kien Truong 2009, 'A Near Lossless Wavelet Based Compression Scheme for Satellite Images', IEEE World Congress on Computer Science and Information Engineering, pp. 528-533.

21. Chou, PA, Lookabaugh, T & Gray, RM 1989, "Optimal pruning with applications to tree structured source coding and modeling", IEEE Trans. Inform. Theory, vol. 35, pp.299-315.

22. Chouliaras, VA, Flint, JA, Yibin Li & Nunez-Yanez, JL 2005, "A system on chip vetor multiprocessor for transmission line modelling acceleration", Signal Processing Systems Design and Implementation, IEEE Workshop on, vol.2, no. 4, pp. 568-572.

23. Corsonello, P, Perri, S, Zicari, P & Cocorullob, G 2005, "Implementação FPGA baseada em microprocessador de subsistemas de compressão de imagem SPIHT", Microprocess. Microsyst., vol. 29, n.º 6, pp. 299-305.

24. Danian Gong, Yun He & Zhigang Cao 2004, "New Cost Effective VLSI Implementation of a 2-D Discrete Cosine Transform and Its Inverse", IEEE Transactions on Circuits and Systems for Video Technology, vol. 14, pp. 405-415.

25. Daubechies, I 1998, 'Orthonormal Bases of Compactly Supported Wavelets', Comm. Matemática Pura e Aplicada, vol. 41, pp. 909-996.

26. Devangkumar Shah & Chandresh Vithlani 2014, 'VLSI Oriented Lossy Image Compression Approach using DA-Based 2D-Discrete Wavelet', in International Arab Journal of Information Technology, vol. 11, no. 1, pp. 59-68.

27. Duong, TA & Duong, VA 2009, "Sequential Principal Component Analysis a Hardware Implementable Transform for Image Compression" Third IEEE International Conference on Space Mission Challenges for Information Technology, pp. 362-367.

28. Eeckhaut, H, Devos, H, Schrauwen, B, Christiaens, M & Stroobandt, D 2005, "A hardware friendly wavelet entropy codec for scalable video", Proc. IEEE Design, Autom. Test Eur, vol. 3, pp. 14-19.

29. El Gamal, A & Eltoukhy, H 2005, "CMOS image sensors", IEEE Circuits Devices Mag., vol. 21, no. 3, pp. 6-20.

30. El Gamal, A 2002, "Trends in CMOS image sensor technology and design", em Proc. Int. Electron Devices Meet, pp. 805-808.

31. Estaban, D & Galand, C 1997, 'Application of Quadrature Mirror Filters to Split Band Voice Coding Schemes', Proc. ICASSP, pp. 191-195.

32. Ferrigno, L, Marano, S, Paciello & Pietrosanto, A 2005, 'Balancing computational and transmission power consumption in wireless image sensor Networks', IEEE International Conference on Virtual Environments, Human-Computer Interfaces and Measurement Systems, vol. 1, no. 1, pp. 61- 66.

33. Fry, TW & Hauck, SA 2005, "SPIHT image compression on FPGAs", IEEE Trans. Circuits Syst. for Video Technol., vol. 15, no. 9, pp.11381147.

34. Geiger, RL, Allen, PE & Strader, NR 1990, "Verilog Programming", Tata McGraw-Hill.

35. Gersho, A & Gray, RM 1991, "Vetor Quantization and Signal Compression", Kluwer Academic Publishers.

36. Gonzalez, RC & Woods, RE 1981, "Digital Image Processing", Addision Wesley, Nova Iorque, EUA.

37. Goward. PG & Vitter, JS 1993, 'Fast and efficient lossless image compression', in Proc. IEEE Int. Conf. Data Compression, pp. 501-510.

38. Gupta, AK, Taubman, D & Nooshabadi, S 2006, 'Near optimal low cost distortion estimation technique for JPEG2000 encoder', in Proc. IEEE Int. Conf. Acoust., Speech Signal, vol. 3, pp. 14-19.

39. Hansoo Kim & In-Cheol Park 2001, "High-Performance and Low Power memory interface architecture for video processing Applications", IEEE Transactions on Circuits and Systems for Video Technology, vol. 11, pp. 1160-1170.

40. Hao Xiao, An Pan, Yun Chen & Xiaoyang Zeng 2008, "Low Cost Reconfigurable VLSI Architecture for Fast Fourier Transform", IEEE Transactions on Consumer Electronics, vol. 54, pp.1617-1622.

41. Hilton, ML, Jawerth, BD & Sengupta, A 1994, "Compressing Still and Moving Images with Wavelets", Multimedia Systems, vol. 2 no. 3 pp. 43-46. 43-46.

42. Hsiao, SF, Hu, YH, Juang, TB & Lee, CH 2005, 'Efficient VLSI Implementations of Fast Multiplier less Approximated DCT Using Parameterized Hardware Modules for Silicon Intellectual Property

Design", IEEE Transactions on Circuits and Systems, vol. 52, pp.15681579.

43. Islam, A & Pearlman, WA 1999, "An Embedded and Efficient Low Complexity Hierarchical Image Coder", Visual Communications and Image Processing Proceedings of SPIE, vol. 3653, pp. 294-305.

44. Kai Liu, Evgeniy Belyaev & Jie Guo 2012, 'VLSI Architecture of Arithmetic Coder Used in SPIHT', IEEE transactions on Very Large Scale Integration (VLSI) Systems, vol. 20, no. 4, pp. 697-710.

45. Kalomiros, JA & Lygouras, J 2008, 'Design and evaluation of a hardware/software FPGA based system for fast image processing', Microprocessors and Microsystems, vol. 32, pp. 95-106.

46. Krishnan, K, Marcellin, M, Bilgin, A & Nadar, M 2006, "Efficient transmission of compressed data for remote volume visualization", IEEE Trans. Med. Image, vol. 25, no. 9, pp. 1189-1199.

47. Lewis, AS & Knowles, G 1992, "Image Compression Using the 2-D Wavelet Transform", IEEE Trans. IP, vol. 1, n.º 2, pp. 244-250.

48. Liu, D, Sun, XY, Wu, F, Li SP & Zhang, YQ 2007, 'Image compression with edge-based in painting', IEEE Trans. Image Process, vol. 17, no.10, pp. 1273-1287.

49. Liu, K, Wang, K, Li, Y & Wu, C 2007, "A Novel VLSI Architecture for Real Time Line Based Wavelet Transform using Lifting Scheme", Journal of Computer Science and Technology, vol. 22, no. 5, pp. 661672.

50. Luis, J & Jones.S 2003, "Gbit/s lossless data compression hardware", IEEE Trans. Very Large Scale Integr.(VLSI) Syst., vol. 11, no. 3, pp. 499-510.

51. Maamoun, M, Namane, A, Neggazi, M, Beguenane, R, Meraghni, A & Berkani, D 2009, "VLSI Design for High Speed Image Computing using Fast Convolution Based DWT", em Actas do Congresso Mundial de Engenharia, Londres, vol. I, pp. 1- 5.

52. Mallat, SG 1989, "A Theory for Multi resolution Signal Decomposition: The Wavelet Representation", IEEE Trans. PAMI, vol. 11, n.o 7, pp. 674-693.

53. Maneesha Gupta & Amit Kumar Garg2012, 'Analysis of image compression algorithm using DCT', International Journal of Engineering Research & Applications (IJERA), vol. 2, no.1, pp. 515-521.

54. Marpe, D, Schwarz, H & Wiegand, T 2003, "Context-based adaptive binary arithmetic coding in the H.264/AVC video compression standard", IEEE Trans. Circuits Syst. for Video Technol., vol. 13, n.o 7, pp. 620-636.

55. Matsubara, S & Hikawa, H 2005, 'Hardware friendly vetor quantization algorithm', in Proc. IEEE Int. Symp. Circuits Syst., vol. 4, pp. 36233626.

56. Mehboob, R, Khan, SA & Ahmed, Z 2006, "High speed lossless data compression architecture", in Proc. IEEE Int. Conf. Multitopic, pp. 8488.

57. Menegaz, G & Thirian, J P 2003, 'Three dimensional encoding/two-dimensional decoding of medical data', IEEE Trans. Med. Imag., vol. 22, no. 3, pp. 424-440.

58. Milward, M, Nunez, JL & Mulvaney, D 2004, 'Design and implementation of a lossless parallel high-speed data compression system', IEEE Transactions on Parallel and Distributed Systems, vol. 15, no. 6, pp. 481-490.

59. Misra, S, Reisslein, M & Xue, G 2008, 'A Survey of multimedia streaming in wireless sensor network', IEEE Communications surveys & Tutorials, vol. 10, no. 4, pp. 18-39.

60. Mohsen Amiri Farahani & Mohammad Eshghi 2007, "Implementing a New Architecture of Wavelet Packet Transform on FPGA", Actas da 8.a Conferência Internacional da WSEAS sobre Acústica e Música: Theory & Applications, Canadá, pp. 19-21.

61. Mozammel Hoque Chowdhury & Amina Khatun, M 2012, 'Image Compression using DWT', International Journal of Computer Science Issues (IJCSI), vol. 9, no. 1, pp. 327-330.

62. Nadenau, MJ, Reichel, J & Kunt, M 2003, "Wavelet Based Colour Image Compression: Exploiting the Contrast Sensitivity Function", IEEE Transactions Image Processing, vol. 12, n.o 1, pp. 58-70.

63. Nagabushanam, Cyril Prasanna Raj, P & Ramachandran 2009, 'Design and implementation of Parallel and Pipelined Distributive Arithmetic based DWT IP core', European Journal of Scientific Research, vol. 35, no. 3, pp. 378-392.

64. Neil, HE, Weste & Kamran Eshraghian 2005, "Principles of CMOS VLSI Design", Pearson Education, segunda edição.

65. Nelson, M 1995, 'The Data Compression Book', 2ª ed., M&T books.

66. Nikolakopoulos, G, Stavrou, P, Tsitsipis, D, Kandris, D, Tzes, A & Theocharis, T 2013, "A dual scheme for compression & restoration of sequentially transmitted images over WSN", Journal of Ad Hoc Networks, Elsevier Journal, vol. 11, no. 1, pp. 410-426.

67. Nilchi, A, Aziz, J & Genov, R 2009, 'Focal-Plane Algorithmically-Multiplying CMOS Computational Image Sensor', IEEE Journal Solid State Circuits , vol. 44, no. 6, pp. 1829-1839.

68. Nunez-Yanez, JL & Chouliaras, VA 2005, 'A Configurable Statistical Lossless Compression Core Based on Variable Order Modeling and Arithmetic Coding', IEEE Transactions on Computers, vol. 54, no. 11, pp. 1345-1359.

69. Nunez-Yanez, JL & Jones, S 2002, "Lossless Data Compression Programmable Hardware for High-Speed Data Networks", Actas da Conferência Internacional do IEEE sobre Tecnologia Programável no Terreno, Hong Kong, China, pp. 290-293.

70. Nunez-Yanez, J, Eddie Hung, Xiaolin Chen & Nishan Canagarajah 2008, "A Configurable Pixel and Block Matching Motion Estimation processor for lossless and lossy video compression", On-board Payload Data Compression Workshop, pp. 26-27.

71. Palanisamy, G & Samukutti, A 2008, 'Medical Image Compression using a Novel Embedded Set Partitioning Significant and Zero Block Coding', The International Arab Journal of Information Technology, vol. 5, no. 2, pp. 132-139.

72. Pan, H, Siu, WC & Law, NF 2008, 'Um algoritmo de codificação de imagens rápido e com pouca memória baseado na transformada wavelet de elevação e no SPIHT modificado', Signal Process. Image Commun., vol. 23, no. 3, pp. 146-161.

73. Parhi, K & Nishitani, T 1993, "VLSI architectures for DWTs", IEEE Trans. VLSI Systems, vol. 1, n.o 2, pp. 191-202.

74. Ponomarenko, NN, Egiazarian, KO, Lukin, VV & Astola, JT 2007, 'High Quality DCT Based Image Compression Using Partition Schemes', IEEE Signal Processing Letters, vol.14, pp.105-108.

75. Pujar, J & Kadlaskar, L 2010, 'A New Lossless Method of Image Compression and Decompression using Huffman Coding Techniques', Journal of Theoretical and Applied Information Technology, vol. 15, no.1, pp. 18-23.

76. Rafael Gonzalez, C & Richard Woods, E 2002, "Digital Image Processing", segunda edição.

77. Rao, KR & Yip, P 1990, 'Discrete Cosine Transforms - Algorithms, Advantages, Applications', Academic Press.

78. Ratakonda, K & Ahuja, N 2002, "Lossless Image Compression with Multi scale Segmentation", IEEE Transactions Image Processing, vol. 11, n.º 11, pp. 1228-1237.

79. Ryszko, A & Wiatr, K 2001, "Motion estimation operation implemented in FPGA chips for real time image compression", Actas do 2.º Simpósio Internacional de Processamento e Análise de Imagem e Sinal ISPA, pp. 399-404.

80. Saha, S & Vemuri, R 2000, 'Adaptive Wavelet Coding of Multimedia Images', Proc. ACM Multimedia Conference, vol. 6, no. 3, pp. 12-21.

81. Saichand Amirishetti, Sanjibkumar & Nayak 2010, "Survey on Collaborative Methods of Image Transmission in Wireless Sensor Network", International Journal of Engineering Research and Applications, vol. 1, no. 3, pp. 1182-1188.

82. Said, A & Pearlman, WA 1996, 'A new, fast, and efficient image codec based on SPIHT', IEEE Transactions on Circuits and Systems for Video Technology, vol.6, no. 3, pp. 243-250.

83. Said, A & Pearlman, WA 1997, 'Low Complexity Waveform Coding via Alphabet and Sample Set Partitioning', Visual Communications and Image Processing, Proceedings of SPIE, vol. 3024, pp. 25-37.

84. Sanchez, V, Abugharbieh, R & Nasiopoulos, P 2009, 'Symmetry based scalable lossless compression of 3-D medical image data', IEEE Trans. Med. Image, vol. 28, no. 7, pp. 1062-1072.

85. Satyajayant Misra, Martin Reisslein & Guadiang Xue 2008, "A Survey of Multimedia Streaming in WSN", IEEE communication surveys & tutorials, vol. 10, no. 4, pp. 18-39.

86. Schelkens, P, Munteanu, A, Barbarien, J, Galca, M, Nieto & Cornelis, J 2003, 'Wavelet coding of volumetric medical Data sets'" IEEE Trans. Med. Image, vol. 22, no. 3, pp. 441-458.

87. Shah, DU & Vithalani 2013, CH, 'FPGA based hardware design flow of distributed arithmetic (DA) based 2D Discrete Wavelet Transform (DWT) for the proposed image compression algorithm', International Journal of Darshan Institute on Engineering Research & Emerging Technologies, vol. 2, no. 1, pp.19-25.

88. Shapiro, JM 1993, "Embedded Image Coding Using Zero trees of Wavelet Coefficients", IEEE Trans. SP, vol. 41, n.º 12, pp. 3445-3462.

89. Sheikh, HR & Bovik, AC 2006, 'Image information and visual quality', IEEE Transactions on Image Processing, vol. 15, no. 2, pp. 430-444.

90. Shoushun Chen, Amine Bermak & Yan Wang 2011, 'A CMOS image sensor with on chip image compression based on predictive boundary adaptation and memory less QTD Algorithm', IEEE Transactions on Very Large Scale Integration systems, vol. 19, no. 4, pp. 538-548.

91. Starck, J, Candes, EJ & Donoho, DL 2002, 'The Curve let Transform for Image Denoising', IEEE Transactions on Image Processing, vol. 11, no. 6, pp. 670-684.

92. Subramanian, P & Sagar Chaitanya Reddy, A 2010, "VLSI Implementation of Fully Pipelined Multiplier less 2D DCT/IDCT Architecture for JPEG", IEEE - ICSP Proceedings, pp. 401-404.

93. Sullivan, GJ & Baker, RL 1994, "Efficient quad tree coding of images and video", IEEE Transactions on Image Processing, vol. 3, pp. 327-331.

94. Sullivan, GJ, Akyildiz, IF, Melodia, T & Chowdhury, KR 2007, "A survey on wireless multimedia sensor networks", Computer Networks, vol. 51, no. 4, pp. 921-960.

95. Sung-Hsien Sun & Shie-Jue Lee 2003, "A JPEG Chip for Image Compression and Decompression", Journal of VLSI Signal Processing, vol. 35, pp. 43-60.

96. Sung-Tae Jung & Sang-Seol Lee 2004, "A 4-way pipelined processing architecture for three step search block matching motion estimation", IEEE Transactions on Consumer Electronics, vol. 50, no. 2, pp.674-681.

97. Sureshchandran, S & Warter, P 2007, "Algorithms and architectures for real time image compression using a feature visibility criterion", Proceedings of the International Conference on Systems, Man and Cybernetics, vol. 2, pp. 339-344.

98. Taubman, D 2000, "High Performance Scalable Image Compression with EBCOT", IEEE Transactions on Image Processing, vol. 9, n.º 7, pp. 1151-1170.

99. Theuwissen, A 2007, "Sensores de imagem CMOS: State of the art and future perspectives", em Proc. 37th Eur. Solid State Device Res. Conf., pp.21-27.

100. Tsung-Han Tsai, Yu-Hsuan Lee & Yu-Yu Lee 2010, 'Design and analysis of high throughput lossless image compression engine using VLSI oriented FELICS algorithm', IEEE Transactions on Very Large Scale Integration Systems, vol. 18, no. 1, pp. 39-52.

101. Tubaishat, M & Madria, S 2003, "Sensor networks: An overview", Potentials, vol. 22, no. 2, pp. 20-23.

102. Ueno, I & Pearlman, W 2003, 'Region of interest coding in volumetric images with shape adaptive wavelet transform', em Proc. SPIE, vol. 5022, pp. 1048-1055.

103. Uzun, I & Amira, A 2005, "Real Time 2-D Wavelet Transform Implementation for HDTV Compression", Journal of Real Time Imaging, vol. 11, n.o 2, pp. 151-165.

104. Vaisey, J & Gersho, A 1992, 'Image compression with variable block size segmentation', IEEE Transaction on Signal processing, vol. 40, pp. 2040-2060.

105. Vetterli, M & Herley, C 1992, 'Wavelets and Filter Banks: Theory and Design", IEEE Trans. Signal Processing, vol. 40, no. 9, pp. 2207-2232.

106. Vo, DT, Sole, J, Yin, P, Gomila, C & Nguyen, TQ 2010, 'Selective data pruning based compression using high order edge direted interpolation', IEEE Trans. Image Process, vol. 19, n.o 2, pp. 399-409.

107. Wang, YS, Tai, CL, Sorkine, O & Lee, TY 2008, 'Optimized scale and stretch for image resizing', ACM Trans. Graphics, vol. 27, no. 5,pp. 118-125.

108. Wei Wang, Dongming Peng, Honggang Wang & Hamid Sharif 2007, "A novel image component transmission approach to improve image quality and energy efficiency in WSN", Journal of Computer Science, vol. 3, no. 5, pp. 353-360.

109. Weinberger, MJ, Seroussi, G & Sapiro, G 2000, 'The LOCO-I lossless image compression algorithm: Principles and standardization into JPEG-LS', IEEE Trans. Image Process, vol. 9, no. 8, pp. 1309-1324.

110. Wexler, Y, Shechtman, E & Irani, M 2007, "Space-time video completion", IEEE Transactions on Pattern Analysis and Machine Intelligence, vol. 29, no. 3, pp. 463-476.

111. Wheeler, FW & Pearlman, WA 2000, 'SPIHT image compression without lists', in Proc. IEEE Int. Conf. Acoust., Speech, Signal Process. Istambul, Turquia, pp. 2047-2050.

112. Wiseman, Y 2001, 'A pipeline chip for quasi arithmetic coding', IEICE Trans. Fundamentals, vol. 84, no. 4, pp. 1034-1041.

113. Wu, M & Chen, C 2003, "Multiple bit stream image transmission over WSN", In: Proceedings of IEEE Sensors, pp. 727-731.

114. Wu, P 2001, "An efficient architecture for two dimensional DWT", IEEE Trans. on Circuits and System for video Tech, pp. 536-545.

115. Xiaowen, L, Chen, X, Xie, X, Li, G, Zhang, L, Zhang, C & Wang, Z 2007, 'A low power, fully pipelined JPEG-LS encoder for lossless image compression', in Proc. IEEE Int. Conf. Multimedia EXPO, pp. 1906-1909.

116. Xiong, Z, Ramachandran, K & Orchard, MT 1997, "Space Frequency Quantization for Wavelet Image Coding", IEEE Trans. IP, vol. 6, no. 5, pp. 677-693.

117. Xiong, Z, Wu, X, Cheng, S & Hua, J 2003, 'Lossy to lossless compression of medical volumetric images using three dimensional integer wavelet transforms', IEEE Trans. Med. Image, vol. 22, no. 3, pp. 459-470.

118. Xixin Cao, Qingqing Xie, Chungan Peng, Qingchun Wang & Dunshan Yu 2006, "An efficient VLSI implementation of distributed architecture for DWT", IEEE Trans. Circuits and Syst. Video Tech, vol. 9, no.3, pp. 50-60.

119. Yang. L, Dick, RP, Lekatsas, H & Chakradhar, S 2005, 'CRAMES: Compressed RAM for embedded systems', in Proc. Int. conf. Hardware/Software Codes. Syst. Synth., pp. 93-98.

120. Yen-Lin Lee & Truong Nguyen 2009, "Method and architecture design for motion compensated frame interpolation in high definition video processing", IEEE Int. Conf., pp. 1633-1637.

121. Yen-Lin Lee & Truong Nguyen 2010, "High frame rate motion compensated frame interpolation in High Definition Video Processing", Proc. IEEE Int. Conf., pp. 858-862.

122. Yi-Huang Han & Jin-Jang Leou 1998, "Detection and correction of transmission errors in JPEG images", IEEE Transactions on Circuits and Systems for Video Technology, vol. 8, pp. 221-231.

123. Yu, W, Sahinoglu, Z & Vetro, A 2004, "Energy efficient JPEG 2000 image transmission over WSN", IEEE Global Telecommunications Conference, vol. 5, no. 1, pp. 2738-2743.

124. Zhang, M & Bermak, A 2007, 'A low power CMOS image sensor design for wireless endoscopy capsule', in Proc. IEEE Biomed. Circuit Syst. Conf., pp. 2355-2358.

125. Zhu, S & Ma, KK 2000, 'A new diamond search algorithm for fast block matching motion estimation', IEEE Transactions Image Processing, vol. 9, pp. 287-290.

LISTA DE PUBLICAÇÕES

Anexo publicado Revistas

1. Muthukumaran, N & Ravi, R 2015 'The Performance Analysis of Fast Efficient Lossless Satellite Image Compression and Decompression for Wavelet Based Algorithm', Wireless Personal Communications, vol. 81, no. 2, pp. 839-859, Print-ISSN: 0929-6212, Published, SPRINGER, (Annexure I), IF - 0.979.

2. Muthukumaran, N & Ravi, R 2015, 'The Performance Analysis of VLSI Based Image Acquisition using Block Based Fast Efficient Compression Algorithm', International Arab Journal of Information Technology, vol. 12, no. 4, pp. 333-339, Print-ISSN: 1683-3198, Publicado, (Anexo I), IF - 0.582.

3. Muthukumaran, N & Ravi, R 2014, 'Simulation Based VLSI Implementation of Fast Efficient Lossless Image Compression System using Simplified Adjusted Binary Code & Golumb Rice Code', World Academy of Science, Engineering and Technology, vol. 8, no. 9, pp. 16031606, Print-ISSN:2010-376X, Published, (Anexo II).

4. Muthukumaran, N & Ravi, R 2014, 'Quad Tree Decomposition based Analysis of Compressed Image Data Communication for Lossy and Lossless using WSN', World Academy of Science, Engineering and Technology, vol. 8, no. 9, pp. 1543-1549, Print-ISSN:2010-376X, Published, (Anexo II).

5. Muthukumaran, N, Ravi, R & Ruban Kingston, M 2015, 'A Novel Scheme of CMOS VCO Design with reduce number of Transistors using 180nm CAD Tool', International Journal of Applied Engineering Research, vol.10, no.14, pp. 11934-11938, Print-ISSN:0973-4562, Published, (Annexure II).

Aceitar para publicação Anexo Revistas

6. Muthukumaran, N & Ravi, R 2015 "Hardware Implementation of Architecture Techniques for Fast Efficient loss less Image Compression System", Wireless Personal Communications, Print-ISSN: 0929-6212, Aceite para publicação, SPRINGER, (Anexo I).

7. Muthukumaran, N & Ravi, R "Analysis of compressed image data communication for lossy and lossless using WSN", Global Journal of Pure and Applied Mathematics, Print-ISSN:0973-1768, Aceite para publicação, (Anexo II).

8. Muthukumaran, N & Ravi, R 'Lossless Medical Image Compression based Volume of Interest Using NN & FT', World Academy of Science, Engineering and Technology, Print-ISSN:2010-376X, Aceite para publicação, (Anexo II).

9. Muthukumaran, N & Ravi, R "Simulation Based VLSI Implementation of Fast Efficient Lossless Image Compression System", International Journal of Applied Environmental Sciences, Print-ISSN:0973-6077, Aceite para publicação, (Anexo II).

10. Muthukumaran, N & Ravi, R "Fast Efficient Wavelet Based Image Compression and Decompression", World Academy of Science, Engineering and Technology, Print-ISSN:2010-376X, Aceite para publicação, (Anexo II).

11. Muthukumaran, N & Ravi, R "FPGA Implementations of Pipeline based Architecture for Fast Efficient SPIHT Code Compression Techniques", International Journal of Applied Engineering Research, Print-ISSN:0973-4562, Aceite para publicação, (Anexo II).

Em curso de revisão Anexo Revistas

12. Muthukumaran, N & Ravi, R "FPGA Implementation of Image Compression and Retrieval using DWT and SPHIT Codec", International Arab Journal of Information Technology, Print-ISSN: 1683-3198, (Anexo I).

Outra revista internacional publicada

13. Muthukumaran, N & Ravi, R 2012, 'Design and analysis of VLSI based FELICS Algorithm for lossless Image Compression', International Journal of Advanced Research in Technology, Print-ISSN: 6602-3127, vol. 2, no. 3, pp. 115-119.

Conferências internacionais / nacionais

14. Muthukumaran, N & Ravi, R 2012, 'The Performance Analysis of Fast Efficient Satellite Image Compression and Decompression for Decimated based Algorithm' na Conferência Internacional sobre Tecnologias Avançadas para Investigação e Desenvolvimento de Produtos em associação com o Conselho Estatal de Ciência e Tecnologia de Tamilnadu, Chennai & Conselho Nacional de Comunicação de Ciência e Tecnologia, Nova Deli, Organizado pelo Kathir College of Engineering, Tamilnadu.

15. Muthukumaran, N & Ravi, R 2012, 'Design and analysis of VLSI based FELICS algorithm for lossless Image Compression' na Conferência Internacional sobre ACT em associação com a IEEE MP Subsection, IEEE Computer Society Bombay, CSI Indore, Organizada por J. K. K. Nattraja College of Engineering & Technology, Tamilnadu.

16. Muthukumaran, N, Ravi, R & Ruban Kingston, M 2015, 'A Novel Scheme of CMOS VCO Design with reduce number of Transistors using 180nm CAD Tool' in the 3rd International Conference on Computing

Terminologias e desenvolvimento da investigação, organizado pelo SCAD College of Engineering and Technology, Tamilnadu.

17. Muthukumaran, N & Ravi, R 2011, 'VLSI based FELICS Algorithm For Lossless Image Compression' na Conferência Nacional de Técnicas Inteligentes Computacionais e suas Aplicações a Sistemas de Sensores Inteligentes em Colaboração com a Organização de Investigação e Desenvolvimento da Defesa (DRDO)-Ministério do Desenvolvimento, Organizada pelo Colégio de Engenharia Francis Xavier, Tamilnadu.

Printed by Books on Demand GmbH, Norderstedt / Germany